# 肉羊60天

# 育肥出栏
# 与疾病防控

郎跃深　倪印红　何占仕　主编

化学工业出版社

·北京·

## 内容简介

　　肉羊育肥具有饲养周期短、资金周转快、经济效益好等特点。但是，肉羊快速育肥也存在着技术不过关、方式方法有待提高、防疫措施不到位等问题。编者根据我国的肉羊育肥现状编写了本书，主要内容包括：肉羊的生产概况、适合育肥的品种、育肥羊场的建设、育肥羊的营养、育肥羊的饲料、肉羊60天育肥技术、育肥羊疫病防治等方面。本书图文并茂，全彩印刷，另外对于重要疾病和去势手术有26段二维码视频，直观指导读者掌握技术要领。本书可为广大农牧区羊只的育肥提供技术支持，适合广大养殖人员及相关技术人员阅读参考。

图书在版编目（CIP）数据

　肉羊60天育肥出栏与疾病防控／郎跃深，倪印红，何占仕主编 . —北京：化学工业出版社，2021.6
　ISBN 978-7-122-38714-1

　Ⅰ.①肉…　Ⅱ.①郎…②倪…③何…　Ⅲ.①肉用羊—饲养管理②肉用羊—羊病—防治　Ⅳ.①S826.9②S858.26

　中国版本图书馆CIP数据核字（2021）第045970号

责任编辑：李　丽
文字编辑：焦欣渝
责任校对：王鹏飞
装帧设计：关　飞

出版发行：化学工业出版社（北京市东城区青年湖南街13号　邮政编码100011）
印　　装：中煤（北京）印务有限公司
710mm×1000mm　1/16　印张12¾　字数186千字
2021年6月北京第1版第1次印刷

购书咨询：010-64518888
售后服务：010-64518899
网　　址：http://www.cip.com.cn
凡购买本书，如有缺损质量问题，本社销售中心负责调换。

定　　价：69.00元　　　　　　　版权所有　违者必究

# 《肉羊60天育肥出栏与疾病防控》
## 编写人员名单

| 主　　编 | 郎跃深 | 倪印红 | 何占仕 |
|---|---|---|---|
| 副 主 编 | 岂凤忠 | 邓英楠 | 柴　双 |
| 参编人员 | 张久秘 | 张明久 | 郭兴华 |
| | 周景存 | 倪丹菲 | 肖希田 |
| | 鲍继胜 | 杜光辉 | 张翔宇 |
| | 张晓武 | 殷子惠 | |

# 前 言

　　近些年来，由于国家提倡生态养殖，禁止羊只上山放养，进行封山禁牧、退耕还林，所以养羊由过去传统的放牧饲养方式改为舍饲圈养方式。养羊方式的改变造成了饲养成本的加大，养殖效益的降低。因此，如何提高舍饲羊的经济效益是一个重大问题，舍饲后的肉羊如何进行育肥已经成为一个关键点。

　　肉羊育肥是肉羊生产体系中的一个非常重要的环节，具有不涉及种羊的繁殖、生产周期短、资金周转快、经济效益好等特点。我国广大农区是肉羊生产的重要区域，针对农区肉羊快速育肥技术不过关的现状，编者根据多年的研究，再结合许多养殖户的经验而写了此书，目的是提高肉羊养殖及育肥的水平，为广大养殖户提供技术参考。

　　本书的编写尽可能贴近生产实际，再结合养殖户的实际经验和最新的科技成果，尽量做到实用、新颖、可读和可操作性强。但由于编者的水平所限，书中难免有不妥之处，恳请读者批评指正。

编者

2021年4月

# 目 录

第六章　育肥羊疾病防控原则、诊断及给药方法　/ 105

# 第一章

# 肉羊生产概况

# 第一节  国内肉羊生产的现状

目前，我国肉羊产业仍处于发展的初期，肉羊生产体系还没有建立起来，长期以来主要是以淘汰老、弱、病、残和阉割去势后的公羊来进行羊肉生产。同时，经营方式落后，生产力水平低下，远远不能满足市场需求。自20世纪60年代起，我国相继从国外引进了一些肉用羊品种，如美利奴羊、林肯羊、罗姆尼羊、萨福克羊、夏洛莱羊、无角陶赛特羊等，在牧区和农区开展经济杂交试验，筛选出无角陶赛特羊（父本）与山东小尾寒羊（母本）、萨福克羊（父本）与蒙古羊（母本）等较好的杂交组合，在生产中进行推广应用。

近年来，随着人们对羊肉生产，尤其是羔羊肉生产优势的认识和肉用羊生产技术水平的不断提高，我国肉用羊生产已经进入了一个新阶段，各级政府都加大了资金和科技投入的力度，注重肉用羊生产基础设施的建设，加强以良种化为基础的技术推广，有力地促进了肉羊养殖产业的快速发展。

## 一、国内肉羊生产特点

### 1. 市场需求潜力巨大

近年来，随着肉羊业生产的迅速发展，我国现在已经跨入了世界肉羊生产大国的行列。无论是养殖的只数，还是羊肉的总产量，都居世界前列。但是，人均消费量却还很低，仍需要进口羊肉。

### 2. 良种化程度低，繁育体系落后

主要体现在：羊肉单产低、品质差。我国商品肉羊的平均胴体重为15kg，而发达国家均在19kg以上，如美国达到28kg，荷兰为25kg，丹麦为22kg，澳大利亚为19.4kg。我国每只商品肉羊的产肉量平均仅为

8.19kg，而德国为15.52kg，美国为15.07kg，法国为13.6kg。这也正是由于我国羊肉的品质较差，所以出口量也很少的原因之一。

进入20世纪80年代以后，1t羊肉的价格相当于2t羊毛的价格，这极大地刺激了肉羊产业的发展。羊肉需求市场广阔，需求旺盛，这种形势为我国肉羊产业提供了更为广阔的发展空间。虽然我们已经意识到发展肉羊有利可图，但是我国培育肉用型专门化品种的步伐却仍然很慢。

另外，由于我国地域辽阔、气候差别大、生态条件不同、自然资源各异，到目前为止还没有能够形成适合不同地域特点的杂交利用体系，同时缺乏统一规划的繁育体制，这直接导致了我国大多数羊肉是由一些地方品种羊生产的，少部分是由杂交羊生产的。

### 3. 营养水平低，饲料单一，配方不科学

很多养羊户对肉羊的营养需求缺乏了解，没有掌握肉羊日粮配合技术。饲料品种单一，搭配不科学。很多情况下，肉羊日粮中的饲料取决于价格和供应量，常常出现某一时期仅供给肉羊一种饲料，如仅仅以玉米秸秆或酒糟为唯一饲料，不能根据当地的饲料资源，合理搭配粗饲料、青饲料、精饲料、食品加工的副产品等。特别是在广大农村舍饲的条件下，很多养羊户以玉米秸秆为主要粗饲料，尤其在枯草季节，饲料种类极其单一，精饲料补充料也只是简单地把玉米和麸皮等混合在一起拌料饲喂，没有科学的饲料配方和预混料。日粮营养水平低下，不能满足育肥需求，导致肉羊增重缓慢，这样就不能获得较好的经济效益。

再就是饲料配方不科学，营养不全面。如果肉用羊的饲料缺乏科学配方，不进行科学配制，原料品种单一，只是根据以往的经验，以玉米、麸皮、豆粕为主要原料作为育肥饲料，而忽视饲料中矿物质元素等的使用，则无法保证饲料的营养全面均衡，也难以保证育肥的效果。在饲喂精饲料时，常常根据以往的经验进行投喂，只配制一种类型的精饲料，对于不同生理阶段的肉羊仅仅是投喂量不同，忽视了各个不同生理阶段肉羊的营养需要特点。

### 4. 饲养规模小，区域分散，技术水平低

目前，我国肉羊养殖的主要模式是农户小规模散养，一般每户都在

100 只以下，甚至好多散养户的养殖数量常常在 10 ~ 20 只或几十只。这种养殖模式可占到全国年出栏量的 80% 以上。这样的分散养殖模式，受到资金的束缚，不能形成规模，给重大疾病的防治带来隐患，羊肉的质量没法保证。表现为肉羊的良种化程度不高、生产时间过长、商品率低、饲养成本高、个体屠宰体重小、羊肉的品质差等问题。

再就是，在农区舍饲条件下，种羊繁育的利润相对较小；而羔羊育肥的饲料报酬高、饲养周期短、利润相对大些。因此，羔羊育肥逐渐成为农区肉羊生产新的利润增长点。甚至还出现了牧区、半牧区繁育羔羊，羔羊进行异地育肥的模式。

## 二、我国肉羊生产的趋势、优势及存在的问题

### 1. 未来的趋势是由大羊肉生产逐渐过渡到羔羊肉生产

目前，我国生产的羊肉主要是以大羊肉为主，而羔羊肉生产所占的比例还是很小的。据资料报道，羔羊肉仅占羊肉总产量的 20% 左右。但是，生产羔羊肉是未来的大趋势。因为羔羊肉与大羊肉相比，具有肌纤维柔软、肉质细嫩多汁、脂肪含量适中、营养丰富、味道鲜美和容易消化的优点。因此，羔羊肉不但品质好，而且价格高，养殖效益要好于养成年羊的效益。

羔羊肉是指屠宰时年龄不满 1 周岁的羊所生产的肉。因为羔羊育肥要比成年羊育肥的饲料转化率高 0.5 ~ 1 倍，且增重速度快，所以出生后到 6 月龄日增重可达 180 ~ 230g，7 ~ 10 月龄日增重可达 100 ~ 120g。

### 2. 羔羊生产的优势

① 羔羊肉市场需求量大、行情好、价格高，在某些地方要比成年羊肉高 30% ~ 50%，而且羔羊皮质量好、价格也高。

② 育肥羔羊当年出生、当年育肥、当年屠宰，可以提高羔羊的出栏率，缩短生产周期，经济效益非常明显。

③ 进行羔羊育肥生产是适应饲草季节性变化的有效措施，可以减少枯草季节羊体重的损失。

④ 对羔羊进行育肥时，羔羊生长快、生产成本低。1 ~ 5 月龄的羔

羊体重增长最快，其饲料报酬为（3～4）：1；而成年羊的饲料报酬为（6～8）：1，饲料上可以节省将近一半。所以，育肥羔羊应该适时出栏。

⑤ 对羔羊进行育肥，可以实行集约化、产业化、规模化生产，在生产中还可以充分利用先进技术，并吸取多年的实践经验。

### 3. 存在的问题

① 缺乏优质肉用羊品种，杂交优势尚未得到有效利用。目前，我国羊肉生产主要采用地方品种。地方品种的羊，产肉性能低。虽然近些年从国外引进了很多优良品种，但由于利用不当、推广体系不健全等原因，品种间杂交优势并没有得到有效利用。

② 母羊繁殖效率低，育肥羔羊的供给量严重不足。育肥羔羊的数量不足是导致我国羔羊肉生产效率低的重要原因。我国饲养的地方品种羊，多数母羊具有季节性发情的特征，导致母羊繁殖间隔较长，全年羔羊的供给量严重不足，并且各个季节供给也极不均衡，这些都严重影响了羔羊肉的规模化和稳定性生产。利用母羊发情控制新技术，如诱导发情、羔羊早期断奶技术等，可缩短母羊繁殖间隔。产后尽早发情和配种，是解决上述问题的有效途径。

③ 育肥技术落后，疾病防控体系不健全。传统的育肥方式一般是饲养至12月龄甚至更长时间才屠宰，或进行补饲育肥后再屠宰，结果其增重速度慢、羊肉品质差、经济效益低、羔羊育肥技术没有得到充分应用。同时，人们对疾病防控的认识不足。以上这些都严重限制了羔羊肉所占的份额。

# 第二节　国外肉羊生产的现状

自20世纪中期起，由于受化纤合成工业发展的影响，羊毛在纺织工业中所占的比例逐渐下降，因此毛用羊的养殖遭受了很大的冲击。然而由于人民生活水平的提高，人们对羊肉的需求量逐年增加，这样就使得羊肉的生产效益高于羊毛的生产效益。因此，国外养羊业的生产方向便由毛用逐渐转向肉用，有好多国家的养羊品种主要都以肉用为主，如英国有 38 个品种，全部都是以产肉为主的；新西兰肉毛兼用的品种占 98%；美国产肉品种占 80% 以上。一些专家预测，世界羊肉产量仍将继续保持上升趋势。

目前，肉羊已经成为世界畜牧业的重要组成部分，羊肉的生产和消费明显增加，一些国家已由数量型转向质量型，生产脂肪含量少的羊肉，特别是羔羊肉。国际上主要肉羊生产国都在大力发展肥羔生产，其中美国羔羊肉的产量已经占羊肉产量的 90% 以上，法国也占到了 75%。在养羊业发达的国家，肥羔生产已经达到了良种化、规模化、专业化、集约化。

# 一、国外肉羊生产特点

## 1. 羊肉类别和分布

羊肉主要有绵羊肉和山羊肉两大类。由于绵羊和山羊的生物学特性不同，因此二者的主要分布区域也不同，且生产水平也有很大的差异。在气温较低、环境条件较好的平原和丘陵地区，以饲养绵羊为主；反之，在气温较高，环境条件较差的地区，则以饲养山羊为主。由于世界各国的地理位置和自然条件不同，有些国家以生产绵羊肉为主，有些国家以生产山羊肉为主。

## 2. 以羔羊肉生产为主

羊肉按照羊的年龄可分为大羊肉和羔羊肉。羔羊肉是指屠宰 1 周岁以内的羊所生产的肉，其中 4 ~ 6 月龄经过育肥后的羊所生产的肉称为肥羔肉；而屠宰 1 周岁以上的羊所生产的肉称为大羊肉。国外发达国家羔羊肉占羊肉总产量的比例很高，如美国占 94%，新西兰占 90%，法国占 75%。

羔羊在 1 ~ 5 月龄体重增长速度最快，沉积的主要是蛋白质，饲料报酬高，饲养成本低，生产效益好。特别是肥羔，当年出生、当年育肥、当年屠宰，缩短了生产周期，提高了出栏率。另外，由于肥羔肉鲜嫩、膻味小，也更受消费者的欢迎。因此，国外羊肉生产先进的国家都以肥羔肉生产为主。但羔羊肉的价格要比大羊肉高，一般要高 30% ~ 50%，甚至 1 倍以上。

### 3. 早期断奶集中育肥

早期断奶可通过控制哺乳期长短的方式进行，从而达到缩短母羊产羔间隔、控制繁殖周期、提高母羊繁殖效率的目的。早期断奶可分为按照时间断奶和按照体重断奶两种方法。

按照时间断奶：早期断奶主要有出生后 1 周左右断奶和 45 ~ 50d 断奶两种方法。出生后 1 周断奶要求用代乳粉人工哺乳大约 3 周，等羔羊体重达到 5kg 时断奶；出生后 45 ~ 50d 断奶，断奶后不需要人工哺乳，羔羊可完全饲喂植物性饲料或放牧。

按照体重断奶：其主要是根据羔羊体重、年龄和胃容量大小的关系。英国一般是在羔羊活重达到 11 ~ 22kg 时断奶，而法国则在活重比初生重大 2 倍时断奶。

羔羊早期断奶后，随即补充充足的饲料进行强度育肥。目前，育肥一般采用放牧与补饲或舍饲的方式进行，全天候放牧育肥的方式在某些人工草场较好的国家也有使用。

## 二、国外肉羊生产技术措施

### 1. 培育自主肉羊品种

国外肉羊养殖发达的国家非常注重品种的培育。一般是从肉用专用品种培育，如从早熟、多胎、肉用性能好等方面入手，大幅度提高良种化程度，如英国、法国、德国等，肉用羊良种的覆盖率达到了 100%；新西兰、澳大利亚和美国也达到了 90%。

自 20 世纪 60 年代以来，育种的主要目标是追求母羊性成熟早、全年发情、产羔率高、泌乳能力强、羔羊生长发育快、饲料报酬高、肉用性能好等特性，并注重肉与毛的性状结合。

## 2. 广泛开展经济杂交

国外养羊业发达的国家，羊肉的生产方式大多是以开展经济杂交为主。如欧洲国家的肉用羊品种较多，肉羊生产以采用经济杂交为主。通过科学的经济杂交，母羊的产羔率可提高20%～30%，羔羊增重可提高20%左右，成活率可提高40%左右。这种经济杂交，一般都是以肉用性能好、早期生长速度快的品种为父本，以当地适应性强、繁殖率高的品种为母本来进行的。如英国以萨福克羊、汉普夏羊、南丘羊作为父本，以兰布列羊、芬兰羊等作为母本；新西兰则以无角陶赛特羊和萨福克羊作为父本，以纯种罗姆尼羊和考力代羊作为母本进行经济杂交。

## 3. 注重应用先进技术

在肉羊养殖发达的国家，生产十分注重应用先进技术，如调节光照长短促使绵羊早期发情，实行提早配种、早期断奶和诱发分娩等措施，来缩短母羊的非繁殖时期；实施一年两胎或两年三胎的密集繁殖方式；推行同期发情，使得母羊集中发情、统一配种，实现产羔、断奶和育肥的同期化、批量化生产。美国在这方面做得很好，可使得肥羔全年均衡上市，绵羊在3～4月龄断奶，育肥至6月龄，使屠宰时活重达到40～45kg。生产方式是在山区、草原繁殖，平原地区集约化育肥。育肥羔羊可分为肥羔和料羔两种。前者是正常断奶日龄前育肥出售的奶羔羊；后者是断奶后育肥或放牧育肥的羔羊，其是生产羔羊肉的主要方式。育肥后期达到优等羔羊肉的标准，胴体重20～25kg，眼肌面积不小于16.2cm$^2$，脂肪层厚度为0.5～0.76cm。

由于良种化程度高，重视肉用型品种的利用，又采用了精饲料型饲养方式，所以肉羊生产效益很高。

此外，研究集约化肉羊生产所必需的繁殖控制技术，繁殖利用制度，饲养标准，饲料配方，育种技术，农副产品和青、粗饲料加工利用技术，以及工厂化、半工厂化条件下生产肉羊的配套设施，饲养工艺和防疫程序等的技术推广，也为肉羊高效养殖提供了技术支持。

# 第二章

# 育肥羊场的建造及
# 附属设备

# 第一节  羊场场址的选择和布局

## 一、舍饲育肥羊场场址的选择

舍饲育肥羊场建设是实现羔羊快速育肥以及集约化养殖的一个重要环节，其选址应根据羊场的规模不同、饲养特点等进行考虑，还应该考虑不同地域的自然环境、气候条件特点、生态条件，因地制宜地建设好羊场。羊场设计，要从场址选择、场内卫生防疫设施等方面进行综合考虑，尽量做到完善合理。

场址的选择要有周密考虑、统筹安排和比较长远的规划，必须适应羊的规模化、产业化需要，所选择的场址要有发展的余地，同时要上报有关部门批准，与本地区畜牧业发展规划以及养殖的品种相适应。

### 1. 建场地点的要求

首先，要考虑羊喜干燥、爱清洁、厌潮湿的特性，要有利于羊的健康、繁殖和高产性能，切不可建在低洼、风口处，以免造成排水困难、汛期积水和冬季防寒困难；其次，要结合当地的实际情况，考虑有利于保护林木、发展果木业等；然后，如果进行放养的话，羊舍四周应有充足的四季都可以放牧的山场、牧场，使得放牧更方便；最后，羊舍附近还要有清洁的水源，以保证饮水卫生。因此，羊场要建造在地势干燥处；如果是放养方式，要保证牧场面积足够大；羊场要有自备井，以满足用水需求。

### 2. 舍饲育肥羊场环境条件

① 保证场区内具有较好的小气候条件，有利于舍内空气环境的控制，给肉羊创造一个较适宜的环境。一个适宜的环境可以充分发挥羊的生产

潜力，提高饲料的利用率。一般来说，家畜的生产力20%取决于品种，40%～50%取决于饲料，20%～30%取决于环境。不适宜的环境温度可以使得家畜的生产力下降10%～30%。

② 便于各项卫生防疫制度和措施的落实。

③ 便于合理组织生产，以提高设备利用率和工作人员的劳动效率。

### 3. 地势地形的选择

舍饲育肥羊场应建在地势高燥（至少建在高出当地历史洪水的水位线以上）、背风向阳、空气流通、土质坚实（沙壤土地区最理想）、地下水位低（应在2m以下）、排水良好、具有缓坡的平坦开阔地带。羊场要远离沼泽、泥泞地区，因为这样的地方常常是体内、体外寄生虫和蚊、蝇、虻等生存聚集的场所。地势要向阳背风，以保持场区内小气候的相对稳定，减少冬、春风雪的侵袭，特别是要避开西北方向开口的山谷和谷地。

舍饲育肥羊场的地面要平坦而稍有坡度，以便排水，防止积水和泥泞。地面坡度以5°～10°较为理想，最大不能超过25°。坡度过大，建筑施工不方便，也会因为雨水的冲刷而使场区地面坎坷不平。

### 4. 水源

在生产过程中，羊的饮水、用具的清洗、药浴池的用水和生活用水等都需要大量的水。建一个羊场必须考虑有可靠的水源。水源应符合下列要求：

① 水量充足，能满足场内人畜的饮用和其他生产、生活的用量，并应考虑防火和未来的发展需要。

② 水质良好，不经过处理即能符合饮用标准的水最为理想。此外，在选择时要调查当地是否有因为水质不良而出现过某些地方性疾病的情况。

③ 便于保护，以保证水源水质经常处于良好状态，不受周围环境污染。

④ 取用方便，设备投资少，处理技术简便易行。无论是地下水、地面水，还是降水，都要符合饮用标准后才能使用。

### 5. 社会联系

舍饲育肥羊场的场址应选择在离饲料生产基地和放牧地较近、交通便利、供电方便的地方，不能成为社会污染源，引起周围居民的不满。同时也要注意不受周围环境所污染，应选择在居民点的下风处，距离居民点和公路500m以上，与各种化工厂、畜产品加工厂、同类饲养场的间距应在1500m以上。还应具备可靠的电力供应，尽量靠近输电线路，以缩短新线路架设的距离。

## 二、育肥羊场规划布局

育肥羊场的建设应适应本地区的气候条件，要科学合理、因地制宜、就地取材、造价低廉、节省能源、节约资金，同时要尽量为羊群创造一个稳定、舒适的环境，以发挥其最大的生产能力。

### 1. 舍饲育肥羊场的规划原则

① 羊场的规划总体原则是尽量满足肉用羊对于各种环境卫生条件的要求。包括温度、湿度、空气质量、光照、地面硬度及导热性等。羊舍的设计应既有利于夏季防暑，又有利于冬季防寒；既有利于保持地面干燥，又有利于地面柔软和保暖。

② 羊场的规划要符合生产流程需要。这有利于减轻管理强度和提高劳动效率，即保证生产的顺利进行和畜牧兽医技术措施的顺利实施。设计时应当考虑的内容包括羊群的组织、调整和周转，草料的运输、分发和给饲，饮水的供应及其卫生的保持，粪便的清理，以及称重、防疫、试情、配种、接羔与分娩母羊和新生羔羊的护理等。各阶段羊数量、栏位数、设施应按比例配套，尽可能使羊舍得到充分利用。

③ 羊场规划要符合卫生防疫需要。这样有利于防止疾病的传入和减少疾病的发生和传播。通过对羊舍科学地设计和修建，为羊创造适宜的生活环境，这本身也就为防止和减少疾病的发生提供了一定的保障。同时，在进行羊舍的设计和建造时，还应考虑到兽医防疫措施的问题，如消毒设施的设置、有毒有害物质的存放等。如要在大门口建有消毒池和消毒室（见图2-1）。

④ 结实牢固，造价低廉。羊舍及其内部的一切设施最好能一步到位，

图 2-1　羊场入口的消毒室（顶棚和侧壁内为紫外线灯）

特别是像圈栏、隔栏、圈门、饲槽等，一定要修得特别牢固，以便减少以后的维修麻烦。不仅如此，在进行羊舍修建的过程中还应尽量做到就地取材。

⑤ 通过环境调控措施，消除不同季节气候差异，实现全年均衡发展、均衡生产。采用科学技术手段，保证做到环境自净，确保生产安全。

⑥ 全场或整舍最好采用全进全出的运转方式，以切断病原微生物的繁衍途径。

### 2. 舍饲育肥羊场的规划

舍饲育肥羊场的规划要本着因地制宜、合理布局、统筹安排的原则。育肥羊场通常分为三个功能区：生产区、管理区和隔离区。其分区规划应遵循以下几个原则：

① 应体现建场方针。在满足生产要求的前提下，做到节约用地，少占或不占耕地。

② 建大型集约化舍饲育肥羊场时，应全面考虑粪尿和污水的处理和利用。

③ 因地制宜，合理利用地形、地物。

④ 应充分考虑今后的发展，在规划时留有余地，尤其是对生产区的规

划更应注意。

### 3. 舍饲育肥羊场的布局

（1）管理区 管理区可分为场部办公室和职工宿舍，应设在羊场的大门附近或场外，以防外来人员进入场区。

（2）生产区

① 舍饲育肥羊场的羊舍。应建在场内生产区中心，尽可能缩短运输的线路，既要利于采光，又要便于通风和防风。修建数栋羊舍时，应采取长轴平行配置，分成若干列，前后对齐，应预留足够的运动场（见图2-2）。羊舍建筑应包括值班室、工具室、饲料室等。在羊舍周围和舍与舍之间要进行道路规划，道路两旁和羊场建筑物的四周都应栽植树木、培育花草，形成绿化带。每栋羊舍最好有专门的值班室。

图2-2 标准化舍饲育肥羊舍

② 饲料加工室（厂）。小型羊场可以将饲料加工室设在羊舍和管理区之间，同时还要考虑运输问题。大型羊场应在生产区附近建立独立的饲料加工厂。饲料库应靠近饲料加工厂以保证运输方便。小型羊场粗饲料应保存在羊舍附近；大型羊场考虑其用量较大，最好放在饲料加工厂附近。

（3）兽医室和隔离区 兽医室应设在羊场下风向、地势低洼处。隔离区、粪场、尸坑要建在距离健康羊舍200m以外（见图2-3）。

### 4. 育肥羊舍的设计要求

育肥羊舍的类型很多，最好是因地制宜，根据实际条件建设。在北方地区一般都修建成"一"型羊舍，这种形式比较经济实用，舍内采光充足、均匀，温湿度差异不大。还可利用山坡修筑半地下式、土窑洞式或楼式圈舍等。羊的圈舍要考虑冬季防寒保温，无贼风，采光充足，顶棚保温性能

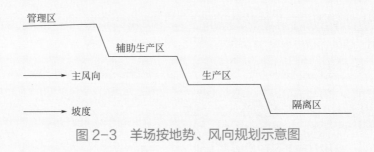

图2-3　羊场按地势、风向规划示意图

好，可建造成塑料暖棚肉羊舍。最好是建造在地势较高，周围较开阔平整，有适当缓坡排水，接近放牧地和水源的地方（见图2-4～图2-7）。

图2-4　农村简易羊舍（内有草料架和水槽）

图2-5　小尾寒羊的简易羊舍

图2-6　标准化舍饲育肥羊舍

图2-7　屋舍露天羊舍及运动场

图 2-8　羊舍地面至顶棚的高度应
不低于 2.5m

羊舍的大小、面积及高度。羊舍要防暑、防寒、防雨，还要保证舍内空气新鲜、干爽。羊舍地面距离顶棚的高度应不低于 2.5m（见图 2-8）。

① 羊舍的大小。羊在圈舍内应该有足够大的空间。羊舍过窄过小，使羊拥挤，不仅舍内易潮湿，空气易混浊，对于羊的健康不利，而且饲养管理也不方便。可以在羊舍的纵轴方向安装排风扇。反之，如果羊舍的空间过大，不但造成浪费，而且不利于冬季保温。

② 羊舍的占地面积。羊舍的面积要根据羊的性别、个体大小、生理阶段和羊只数量来决定。各类型羊每只需要的面积大致情况：产羔室可以按照基础母羊总数的 20% ~ 25% 计算；运动场的面积一般为羊舍占地面积的 2 ~ 2.5 倍；成年羊运动场可以按照 4m²/ 只计算（见表 2-1）。运动场最好建在羊舍的南面，低于羊舍的地面，向南缓缓倾斜，以砂质壤土为好，便于排水和保持干燥。运动场周围要设有围栏，围栏的高度在 1.5 ~ 1.8m。

表 2-1　各类型羊需要的运动场面积数

| 羊的类型 | 面积（m²／只） |
| --- | --- |
| 春季产羔母羊 | 1.1 ~ 1.6 |
| 冬季产羔母羊 | 1.4 ~ 2.0 |
| 后备公羊 | 1.8 ~ 2.2 |
| 种公羊 | 4.0 ~ 6.0 |
| 1 岁及成年母羊 | 0.7 ~ 0.8 |
| 3 ~ 4 月龄羔羊 | 0.3 ~ 0.4 |
| 育肥羊 | 0.6 ~ 0.9 |

③ 羊舍的高度。由地面到顶棚的高度一般为 2.5m，门宽 2 ~ 3m，门高 2m。窗户要开在阳面，其面积为羊舍面积的 1/15 ~ 1/10，窗台距地面 1.5m。羊舍地面应高出舍外地面 20 ~ 30cm，铺成缓斜坡，以利于排水。羊舍与运动场之间要有出入口（见图 2-9）。

图 2-9　羊舍与运动场之间的出入口

### 5. 羊舍的类型

① 成年母羊舍多为对头双列式，中间有走廊，以便添加饲草和饲料（见图 2-10）。

② 产羔舍在成年母羊舍的一侧，其大小依据产羔母羊数量和产羔集中程度而定。

③ 后备母羊舍饲养断奶后至初次妊娠的母羊，常采用单列式（见图 2-11）。

④ 羔羊舍要设立可活动的围栏。

⑤ 公羊舍饲养种公羊和后备公羊。

羊圈和羊舍连接，其围栏可以就地取材，选用砖、木、土坯或铁管、铁丝网等建成。

图2-10 对头双列式羊舍

图2-11 单列式羊舍

### 6. 羊舍的温度和湿度

冬季产羔舍最低温度应保持在10℃以上，一般羊舍在0℃以上；夏季舍温不应超过30℃。肉羊育肥最适温度为10～25℃。羊舍应保持干燥，地面不能太潮湿，空气相对湿度应低于70%。

对于封闭式羊舍，必须具备良好的通风换气性能，能及时排除羊舍内的污浊空气，保持空气新鲜。

### 7. 羊舍的采光

采光面积通常是由羊舍的高度、跨度和窗户的大小决定的。在气温较低的地区，采光面积大有利于通过吸收阳光来提高羊舍内的温度；而在气温高的地区，过大的采光面积又不利于避暑降温。实际设计时，应按照既有利于保温又有利于通风的原则灵活掌握。

### 8. 羊舍建造的基本要求

（1）地面　羊舍的地面是羊休息、拉屎撒尿和生产、生活的地方。地面的保暖和卫生状况很重要。羊舍地面有实地面和漏缝地面两种类型。实地面又因建筑材料不同而分夯实黏土、三合土（石灰：碎石：黏土比例为1∶2∶4）、石地、砖地、水泥地、木质地面等。不同材料各有优缺点，要根据实际情况采用。漏缝地面现多用塑料铸成，有好多厂家进行生产。

（2）墙壁　羊舍的墙壁要坚固耐用，抗震耐水防火，结构简单，便于清扫、消毒。同时应有良好的保温与隔热性能。墙壁的结构、厚薄以及多少取决于当地的气候条件和羊舍的类型。气温高的地区，可以建造简易的棚舍或半开放式羊舍；气温低的地区，墙壁要有较好的保温隔热能力，可以建造加厚墙、空心砖墙或中间夹有隔热层的墙。

（3）屋顶和顶棚　屋顶要有防水、保温、隔热的功能，正确处理好这三个方面的关系，对于保证羊舍环境的控制极为重要。建造屋顶的材料有陶瓦、石棉瓦、木板、塑料薄膜、油毡、彩钢瓦等。在寒冷地区可以加上顶棚，顶棚上可贮存冬季的干草，并能增强羊舍保温性能。

# 第二节　圈舍的设备以及附属设施

羊舍外的设备主要为运动场，舍内的设备主要有补饲用具及隔栏等。运动场通常建在羊舍的阳面，面积应为羊舍面积的 2 ~ 2.5 倍。运动场的地面应向外稍微倾斜，其围栏应就地取材，高度为 1.5 ~ 1.8m。饲槽可采用水泥制作，使用方便，容易清洗。草料架可用木材、钢筋制作。配置草料架，可以避免羊践踏饲草，减少饲草的浪费，提高饲料的利用效率。

## 1. 草棚

在入冬前，要贮备青干草、玉米秸秆、稻草、大豆秸秆和红薯秧，以及各种秕壳和豆饼类等。一般每只羊贮备的饲草数量是：改良羊180 ~ 200kg；本地羊 90 ~ 100kg。草棚可以建成三面围墙，向阳面留有矮墙、敞口的结构。棚内通风、干燥，草棚要远离住户、火源，地势稍高，四周有排水沟。

## 2. 料仓

料仓用于贮存饲料、预混料和饲料添加剂。料仓内要通风、干燥、清洁，防鼠、防雀。发现饲料受潮或霉变时，要能够进行晾晒。

### 3. 青贮窖（池）

有条件的羊场，可建造青贮窖（池）。青贮窖（池）要建在羊舍附近，供制作和保存青贮料，保证取用方便。

### 4. 饲喂设备

（1）饲槽　饲槽用于舍饲或补饲。饲槽可以分为移动式、悬挂式和固定式三种。

① 移动式饲槽。一般为长方形，用木板或铁皮制成，其两端有装卸方便的固定架，具有移动方便、存放灵活的特点。

② 悬挂式饲槽。一般用于哺乳期羔羊的补饲，呈长方形，两端固定悬挂在羊舍补饲栏的上方。

③ 固定式饲槽。一般设置在羊舍、运动场或专门补饲栏内。由砖石、水泥制成，可以平行排列，也可以紧靠墙壁。饲槽距地面 30 ~ 50cm，槽内深度 15 ~ 25cm，采食口的高度为 25 ~ 30cm，上宽下窄，槽底部呈圆形，在槽的边缘用钢筋做护栏，不让羊只踏入槽内，可以减少饲料受到粪尿的污染，防止草料抛落浪费。以贯通型为好，设计长度以采食羊只不拥挤为准。

（2）草料架　羊喜好清洁、干净的饲草，利用草料架喂羊，可以避免羊践踏饲草，减少浪费。草料架可以用钢筋或木料制成，按照固定与否，分为单面可移动式草料架和摆放在饲喂场地内的双面草料架（见图 2-12、图 2-13）。草料架形状有直角三角形、等腰三角形、梯形和长方形等。

草料架隔栏的间距为 9 ~ 10cm，若其间距为 15 ~ 20cm 时，羊的头部可以伸入隔栏内采食。头伸进去后退回发生困难，羊只被卡死，造成损失。有的草料架底部有用铁皮制成的料槽，可以撒入精饲料和畜牧盐（大粒盐）或放入盐砖。

（3）饮水设备　水井或水池要建在离羊舍100m以外的地方，地势稍高，其外围 3 ~ 3.5m 处有护栏或围墙。井口或池口要加盖。在其周边30m范围内要无厕所、无渗水坑、无垃圾堆、无废渣堆。在距离水井或水

图 2-12　双面可移动式草料架

图 2-13　单面可移动式草料
架（底部呈 U 形）

池有一段距离的地方设置饮水槽。

（4）盐槽及盐砖　盐槽是为了给羊啖盐用，盐槽中大多数是放置盐砖，也可以放置畜牧盐（大粒盐），供羊自由舔食。现在，盐砖一般悬挂起来供羊只随时舔舐（见图 2-14、图 2-15）。

图 2-14　盐砖

图 2-15　悬挂起来供羊只舔
舐的盐砖

（5）栅栏　栅栏有多种类型，其用途是挡羊、拦羊（见图2-16）。

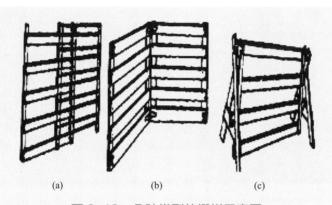

(a)　　　　　　　　(b)　　　　　　　　(c)

图2-16　几种类型的栅栏示意图

（a）重叠式围栏；（b）折叠式围栏（活动母子栏）；（c）三角架式围栏

（6）清理设备　用于清理垃圾、污物、羊粪尿等。

（7）药浴池　为了防治疥癣以及其他体外寄生虫，每年都要定期对羊群进行药浴。供羊药浴的药浴池一般用水泥筑成，形状为长方形沟状。池深约1m，长10m左右，底部宽30～60cm，上部宽60～100cm，以一只羊能通过但是不能转身为度（见图2-17）。药浴池入口一端呈陡坡，在出口端筑成台阶，以便于羊只行走。在入口一端设有围栏，羊群在围栏内等候入药浴池；出口一端设有滴流台。羊出浴后，在滴流台上停留一段时间，使得身上的药液流回池内。滴流台用水泥修成。在药浴池附近应该有水源。

图2-17　药浴池内正在对羊
只进行药浴

（8）粪尿污水池和贮粪场　羊舍和粪尿污水池、贮粪场之间应保持200～300m的距离。粪尿污水池的大小应根据所有的羊在一定时间内排出粪尿和冲污污水量的多少而定。

（9）消毒池　消毒池一般设置在

羊场入口处或生产区入口处，以便于人员和车辆通过时消毒。消毒池常用钢筋水泥浇筑，供车辆通行的消毒池，长、宽、深分别为4m、3m、0.1m；供人员通行的消毒池，长2.5m、宽1.5m、深0.05m。消毒液应保持经常有效，消毒池中的药液要经常更换，以便保持药效。面积和长度也必须足够，要具有保证大车的轮胎转动一周的长度，否则，会影响消毒的质量（见图2-18）。人员往来时在场门口两侧应设有紫外线消毒通道。

图2-18　羊场入口处的消毒池及药液

## 第三章

# 适合育肥的肉羊品种及杂交改良

# 第一节　适合快速育肥的肉羊品种

育肥羊品种对于育肥效益极其重要，所以说品种对于育肥效果具有重要意义，不同的品种在同样的条件下育肥，增重速度和育肥效果差别很大。因此，在决定进行育肥之前一定要先选择好合适的育肥羊品种。下面介绍一些优秀的国外引进品种和国内地方优秀品种。

## 一、国内外主要肉用型绵羊品种

### 1. 国外优秀肉用型绵羊品种

（1）萨福克羊　萨福克羊原产于英格兰东南部的萨福克、诺福克、剑桥和艾塞克斯等地。萨福克羊是以南丘羊为父本，以当地体型大、瘦肉率高的黑脸有角诺福克羊为母本杂交培育而成，是19世纪初期培育出来的品种。

萨福克羊无论公羊、母羊，都无角，颈短粗，胸宽深，背腰平直，后躯发育丰满。成年羊头部、耳朵、四肢为黑色，被毛有有色纤维；四肢粗壮结实（见图3-1）。

图3-1　萨福克羊

本品种具有早熟性、生长发育快、产肉性能好、母羊母性好的特点。成年公羊体重100～110kg，成年母羊体重60～70kg。3月龄羔羊胴体重可达17kg,肉质细嫩,脂肪少。产羔率130%～140%。因为具有早熟性、产肉性好的特点，在美国被用作肥羔羊生产的终端产品。

（2）无角陶赛特羊　无角陶赛

特羊原产于大洋洲的澳大利亚和新西兰。是以考力代羊为父本，雷兰羊和有角陶赛特羊为母本，然后再用有角陶赛特公羊回交，选择后代无角的羊培育而成。

本品种的羊，无论公母均无角，颈短粗，胸宽深，背腰平直，躯体呈圆筒形，四肢短粗，后躯丰满。面部、四肢、蹄部、被毛均呈白色（见图3-2）。

图3-2　无角陶赛特羊

成年公羊体重90～100kg，成年母羊体重55～65kg。胴体品质和产肉性能好。产羔率在130%左右。该品种具有早熟性、生长发育快、全年发情、耐粗饲、能适应干燥气候的特点，在澳大利亚可作为生产大型羔羊肉的父系。

20世纪80年代，我国许多地区先后从国外引进无角陶赛特羊，对全国很多地方的绵羊进行了杂交改良，效果很好。根据介绍，在新疆维吾尔自治区，用无角陶赛特羊与当地细毛杂种羊杂交，杂种一代5月龄宰杀前活重可达34.07kg，胴体重16.67kg，净肉重12.77kg。用无角陶赛特羊与小尾寒羊杂交，杂种一代6月龄体重40.44kg。2000年甘肃省用其来改良当地土种羊，杂种一代初生重比土种羔羊提高了1.3kg；4月龄宰杀前活重平均为31.39kg，胴体重16.19kg。

（3）德国肉用美利奴羊　德国肉用美利奴羊原产于德国，主要分布于萨克森州农区，是由泊列考斯和英国莱斯特公羊与德国原产地的美利奴母羊杂交培育而成。

德国肉用美利奴羊，无论公母都无角，颈部和体躯都没有皱褶。体格大，胸宽深，背腰平直，肌肉丰满，后躯发育良好。被毛呈白色，毛密且长，弯曲明显（见图3-3）。

成年公羊体重100～140kg，成年母羊体重70～80kg。羔羊生长发育快，日增重300～350g，130d屠宰前活重可达38～45kg，胴体重18～22kg，屠宰率为47%～49%。繁殖力强，性早熟，产羔率达

图 3-3　德国肉用美利奴羊

150% ~ 250%。

我国在 20 世纪 50 年代末期由德国引进了千余只德国肉用美利奴羊。曾经与蒙古羊、西藏羊、小尾寒羊等杂交，后代被毛品质明显改善，生长发育快，产肉性能好，是育成内蒙古细毛羊的父系品种之一。

（4）夏洛莱羊　夏洛莱羊原产于法国中部的夏洛莱丘陵和谷地。它是以英国莱斯特羊为父本，法国当地的细毛羊为母本杂交而成。在 1974 年才正式得到法国农业部的承认，并定为品种。

本品种羊体型大，胸宽深，背腰平直，后躯发育良好，肌肉丰满。被毛白而短细，头部无毛或有少量粗毛，四肢下部无细毛。皮肤呈粉红色或灰色（见图 3-4）。

成年公羊体重 110 ~ 140kg，成年母羊体重 80 ~ 100kg；周岁公羊 70 ~ 90kg，周岁母羊 50 ~ 70kg；4 月龄育肥羔羊 35 ~ 45kg。屠宰率为 50%。4 ~ 6 月龄羔羊胴体重 20 ~ 23kg，胴体质量好，瘦肉多，脂肪少。产羔率在 180% 以上。

夏洛莱羊具有早熟性、耐粗饲、采食能力强、对寒冷潮湿或干热气候适应性良好的特性，是生产肥羔的优良品种。在 20 世纪 80 年代引入我国，并开始与我国当地的粗毛羊杂交生产羔羊肉。

（5）德克塞尔羊　德克塞尔羊原产于荷兰德克塞尔岛，在 18 世纪经过改良杂交，于 19 世纪初期育成了德克塞尔羊品种。

这种羊光脸、脸宽，光腿、腿短，黑鼻子，短耳朵，部分羊耳部有黑斑，体型较宽，被毛呈白色。

成 年 公 羊 体 重 100 ~ 120kg，成年母羊体重 70 ~ 80kg。在 7 月

图 3-4　夏洛莱羊

龄左右母羊性成熟，产羔率高，初产母羊的产羔率在130%，二胎产羔率在170%，三胎产羔率在195%。母性好，泌乳性能好，羔羊生长发育快，双羔羊日增重可达250g，12周龄断奶，断奶重平均在25kg。24周龄屠宰前体重平均为44kg。

图3-5　杜泊羊（箭头所指）

（6）杜泊羊　杜泊羊原产地在南非，是由有角陶赛特公羊与黑头波斯母羊杂交培育而成的。

杜泊羊属于粗毛羊，有黑头和白头两种，大部分无角，被毛呈白色，可以季节性脱毛，尾巴短瘦。体型大，外观呈圆筒状，胸宽深，后躯丰满，四肢结实粗壮（见图3-5）。

成年公羊体重90～120kg，成年母羊体重60～80kg。在南非，羔羊在105～120d，体重可达36kg，胴体重可达16kg。母羊常年发情，可以达到两年三产，繁殖率为150%，母羊的泌乳性能好。杜泊羊的适应性很强，耐粗饲。

（7）罗姆尼羊（肯特羊）　罗姆尼羊原产于英国南部的肯特郡，所以也有肯特羊之称。这个品种是以莱斯特公羊为父本，以体格较大而粗糙的本地母羊为母本，经过长期的选择和培育而成的。

罗姆尼羊体质结实，公羊、母羊都没有角，额、颈短，体躯宽深，背部较长，前躯和胸部丰满，后躯发达，腿短骨细，肉用体型好。被毛呈毛丛、毛辫结构，白色，光泽好；羊毛中等弯曲，均匀度好。蹄部为黑色，鼻子和唇部为暗色，耳以及四肢下部皮肤有色素斑点和小黑点（见图3-6）。

成年公羊体重100～120kg，成年母羊体重60～80kg。产羔率在120%左右。成年公羊胴体重70kg，成年母羊胴体重40kg。4月龄羔羊育肥的胴体，公羔为22.4kg，母羔为20.6kg，屠宰率在55%左右。

我国早在20世纪60年代中期，就从英国、新西兰、澳大利亚分别引入千余只罗姆尼羊，分布在山东、江苏、四川、河北、云南、甘肃、内蒙古等地。在东部沿海及四川等地适应性较好，特别是在沿海地区表现好，在良好的饲养条件下能充分发挥其优良特性。用罗姆尼羊改良地方品种，后代的肉用体形好，羊毛品质也得到了改善。

（8）考力代羊　考力代羊原产于新西兰，是以英国长毛林肯羊和莱斯特羊为父本，美利奴羊为母本杂交培育而成的。

这个品种的羊，头部宽，但是不大，额上有毛。公、母羊均无角，颈短而宽，背腰宽平，肌肉丰满。后躯发育良好，四肢结实、长度中等，全身被毛呈白色，腹部羊毛着生良好（见图3-7）。

图3-6　罗姆尼羊

图3-7　考力代羊

成年公羊体重100～105kg，成年母羊体重45～65kg。产羔率达110%～130%。成年羊屠宰率可达52%。

（9）林肯羊　林肯羊原产于英国林肯郡，是由莱斯特公羊改良当地旧型林肯羊，经过长期选育而成的。

林肯羊体质结实，体躯高大，结构匀称，头长颈短，公、母羊均无角，前额有毛丛下垂，背腰平直，腰臀宽广，肋骨开张良好，四肢较短而端正，被毛呈辫型结构，羊毛有丝光光泽，全身被毛呈白色，脸、耳、四肢偶尔有小黑点（见图3-8）。

成年公羊体重120～140kg，成年母羊体重70～90kg。产羔率为120%。成年公羊胴体平均重82.0kg，成年母羊为51.0kg。4月龄育肥羔羊胴体重，公羔为22.0kg，母羔为20.5kg。

（10）边区莱斯特羊　边区莱斯特羊原产于英国北部苏格兰，是由莱斯特公羊与当地雪伏特品种的母羊杂交培育而成，1860年为了与莱斯特羊相区别，而称为边区莱斯特羊。

边区莱斯特羊体质结实，体型结构良好，体躯长，背部宽平。公、母羊均无角，鼻梁隆起，两耳竖立，头部和四肢无羊毛覆盖（见图3-9）。

图3-8　林肯羊　　　　　　图3-9　边区莱斯特羊

成年公羊体重90～140kg，成年母羊体重60～80kg。产羔率为150%～200%。早熟性好，4～5月龄羔羊的胴体重可达20～22kg。

（11）波德代羊　波德代羊原产于新西兰，是在新西兰南岛由边区莱斯特公羊与考力代母羊杂交，杂交一代横交固定至四、五代培育而成的肉毛兼用绵羊品种。自20世纪70年代以来进一步横交固定以巩固其品种特性，1977年在新西兰建立了种畜记录簿。

波德代羊公、母均无角。耳朵直而平伸，脸部被毛覆盖至两眼连线，四肢下部无被毛覆盖。背腰平直，肋骨开张良好。眼睑、鼻端有黑斑，蹄部呈黑色（见图3-10）。

波德代羊成年公羊平均体重90kg，成年母羊平均体重60～70kg。繁殖率为140%～150%，最高达180%。波德代羊适应性强、耐干旱、耐粗饲，羔羊成活率高。

2000年我国甘肃省首先引进波德代羊。其母羊发情季节集中，产双羔率为62.26%，三羔率为6.27%。公羔初生重4.87kg，母羔初生重4.41kg。

## 2. 国内优秀肉用型绵羊品种

（1）大尾寒羊　大尾寒羊原产于河北南部的邯郸、邢台以及沧州地区的部分县市，山东聊城地区的临清、冠县、高唐以及河南的郏县等地。

大尾寒羊头部稍长，鼻梁隆起，耳大下垂，公、母羊均无角。颈细稍长，前躯发育欠佳，后躯发育良好，尻部倾斜，乳房发育良好。尾巴大而且肥厚，长过飞关节（跗蹠关节），有的接近或拖及地面。毛色为白色（见图3-11）。

图3-10　波德代羊　　　　　　　图3-11　大尾寒羊

成年公羊体重为72kg，成年母羊体重为52kg。尾巴重量可占到体重的1/5左右。种公羊的屠宰率为54.21%，净肉率为45.11%，尾脂重7.80kg。

大尾寒羊的性成熟早，公羊为6～8月龄，母羊为5～7月龄。公羊的初配在1.5～2岁，母羊初配年龄为10～12月龄。全年发情，可以一年两产或两年三产。产羔率达185%～205%。

（2）小尾寒羊　小尾寒羊原产于河南的新乡、开封地区，山东的菏泽、济宁地区，以及河北南部、江苏北部和淮北地区等地方。

小尾寒羊四肢较长，体躯高大，前后躯都很发达。脂尾短，一般在飞关节以上。公羊有角，呈螺旋状；母羊半数有角，角小。头、颈较长，鼻梁隆起，耳大下垂。被毛呈白色，少数羊头部以及四肢有黑褐色斑点、斑块（见图 3-12）。

图 3-12　小尾寒羊

小尾寒羊成年公羊体重平均为 94.1kg，成年母羊体重为 48.7kg；3 月龄公、母羔羊平均断奶重分别达到 20.8kg 和 17.2kg。3 月龄羔羊平均胴体重 8.49kg，净肉率为 39.21%；周岁公羊平均胴体重 40.48kg，净肉重 33.41kg，屠宰率和净肉率分别为 55.60% 和 45.89%。

小尾寒羊性成熟早，母羊 5 ～ 6 月龄发情，公羊在 7 ～ 8 月龄可以配种。母羊全年发情，可以一年两产或两年三产，产羔率平均为 261%。

（3）同羊　同羊原产于陕西渭南、咸阳的北部各县，延安地区的南部，在秦岭山区也有少量分布。

同羊全身被毛呈纯白色，公、母羊均无角，部分公羊有栗状角痕，颈长，部分个体颈下有一对肉垂。体躯略显前低后高，鬐甲较窄，胸部较宽而深，肋骨开张良好。公羊背部稍凹，母羊短直且较宽。腹部圆大。尻部倾斜而短，母羊较公羊稍长而宽。尾的形状不一，但多有尾沟和尾尖，90% 以上的个体为短脂尾。

同羊成年公羊体重 39.57kg，成年母羊体重 37.15kg。屠宰率：公羊为 47.1%，母羊为 41.7%。母羊一般一年一产、每胎产一羔。

（4）乌珠穆沁羊　乌珠穆沁羊原产于内蒙古自治区锡林郭勒盟东北部的东乌珠穆沁旗和西乌珠穆沁旗，以及毗邻的阿巴哈纳尔旗、阿巴嘎旗部分地区。

乌珠穆沁羊体格高大，体躯长，背腰宽，肌肉丰满，全身骨骼结实，结构匀称。鼻梁隆起，额稍宽，耳朵大而下垂或半下垂。公羊多数有角，呈半螺旋状；母羊多数无角。脂尾厚而肥大，呈椭圆形。尾的正中线出现纵沟，使脂尾被分成左右两半。毛色混杂，全白者占 10.4%；体躯白色、头颈为黑色者占 62.1%；体躯杂色者占 27.5%（见图 3-13）。

乌珠穆沁羊生长发育快，4月龄公、母羔羊体重分别为33.9kg和32.1kg。成年公羊体重74.43kg，成年母羊体重58.4kg。屠宰率平均为51.4%，净肉率为45.64%。母羊一年一产，产羔率平均为100.2%。

（5）阿勒泰羊　阿勒泰羊原产于新疆维吾尔自治区北部阿勒泰地区的阿勒泰市、福海县和富蕴县。

阿勒泰羊的头部大小适中，鼻梁稍隆起，公羊隆起较母羊甚。耳大下垂，公羊有较大的螺旋形角；母羊多数有角，但是角小。颈长中等，胸宽深，鬐甲平宽，背腰平直，肌肉发育良好。后躯较前躯高，尻部肌肉丰满，四肢高大结实。脂尾呈方圆形，被覆短而深的毛，脂尾下缘正中部有一浅纵沟，将脂尾分成对称的左右两半。被毛颜色以棕红色为主，约占41%；头部为黄色，体躯为白色的占27%，纯黑和纯白的占16%，其他的占16%（见图3-14）。

图3-13　乌珠穆沁羊　　　　图3-14　阿勒泰羊

阿勒泰羊成年公羊体重为85.6kg，成年母羊体重为67.4kg。成年羯羊屠宰率为53%，5月龄羯羊的屠宰率为48.1%。产羔率平均为110.3%。

## 二、国内外主要肉用型山羊品种

### 1. 国外引入的品种——波尔山羊

波尔山羊原产于南非，是目前世界上最著名的肉用型山羊品种。由南

非的土种山羊与印度以及欧洲的奶
山羊杂交培育而成。改良型波尔山
羊的培育开始于 1930 年，1959 年
成立波尔山羊育种协会后，经过不
断选育，形成了目前优秀的肉用型
波尔山羊品种。

图 3-15　波尔山羊

波尔山羊被毛主体为白色，光
泽好；头部、颈部为棕红色，且头
部有条白色毛带。角粗大，耳大下
垂。体格大，四肢发育良好，肉用
体型特征明显，体躯呈长方形，各部位连接良好（见图 3-15）。

波尔山羊具有较高的产肉性能和良好的胴体品质，早熟易肥。在
良好的饲养条件下，羔羊日增重在 200g 以上。3 ～ 5 月龄羔羊体重
22.1 ～ 36.5kg；9 月龄公羊体重 50 ～ 70kg，母羊体重 50 ～ 60kg。成
年公羊体重 90kg，成年母羊体重 50 ～ 75kg。羊肉脂肪含量适中，胴体
质量好。平均体重 41kg 的羊，屠宰率为 52.4%，没有去势的公羊可达
56.2%。羔羊平均胴体重 15.6kg。波尔山羊四季发情，但多集中在秋季，
产羔率为 150% ～ 190%。波尔山羊泌乳能力强，每天约产奶 2.5L。

波尔山羊已经被世界上许多国家引进，用于改良和提高当地山羊的产
肉性能。与普通低产山羊杂交，其后代的生长速度比母本提高 1 倍以上。
我国自 1995 年由陕西、江苏等省首次引入，现在已经有 20 多个地区引入
进行纯种繁殖或以其为父本进行杂交改良，其后代的生长速度和产肉性能
提高十分明显。

### 2. 我国本土优秀肉用型山羊品种

（1）槐山羊　槐山羊的中心产区在河南周口地区的沈丘、淮阳、项城、
郸城等地。在京广路以东、陇海路以南、津浦铁路以西、淮河以北的平原
农区均有分布。

槐山羊体格中等，分为有角和无角两种类型。公、母羊均有髯，身体
结构匀称，呈圆筒形。毛色以白色为主，占 90% 左右；黑、青、花色共计

占10%左右。有角型槐山羊具有颈短、腿短、身腰短的特征；无角型槐山羊则有颈长、腿长、身腰长的特点（见图3-16）。

槐山羊成年公羊体重35kg，成年母羊体重26kg。羔羊生长发育快，9月龄体重达到成年体重的90%。7～10月龄羯羊平均宰前活重21.93kg，胴体重10.92kg，净肉重8.89kg，屠宰率49.8%，净肉率40.5%。槐山羊是发展山羊肥羔生产的好品种。

槐山羊繁殖能力强，性成熟早，母羊为3个多月，一般6月龄即可配种，全年发情。母羊一年两产或两年三产，每胎多羔，产羔率平均在249%左右。

（2）马头山羊　马头山羊原产于湖北省的郧阳、恩施地区和湖南省的常德、黔阳地区，以及湘西自治州各县。

马头山羊体格大，公、母羊均无角，两耳向前略下垂，有髯，头颈结合良好。胸部发达，体躯呈长方形。被毛以白色为主，毛短，在颈、下颌、后腿部以及腹侧有较长粗毛（见图3-17）。

图3-16　槐山羊　　　　　　　图3-17　马头山羊

成年公羊体重平均为44kg，成年母羊体重平均为34kg。马头山羊羔羊生长发育快，可作肥羔生产。2月龄断奶的羯羊在放牧和补饲条件下，7月龄时体重可达23.31kg，胴体重10.53kg，屠宰率52.34%。成年羯羊屠宰率在60%左右。

马头山羊性成熟早，一般为4～5月龄，初配年龄为19月龄。母羊全年发情，以3～4月份和9～10月份为发情旺季。一年两产或两年三产，多产双羔，产羔率在 200% 左右。

（3）牛腿山羊　牛腿山羊原产于河南省西部鲁山县。

牛腿山羊为长毛型白山羊，体格较大，体质结实，结构匀称，骨骼粗壮，肌肉丰满，侧视呈长方形，正视近乎圆筒形。头短额宽，公、母羊多数有角，以倒八旋型为主。颈短而粗，肩颈结合良好，胸宽深，肋骨开张良好，背腰平宽，腹部紧凑，后躯丰满，四肢粗壮，姿势端正（见图 3-18）。

牛腿山羊成年公羊体重平均为 46.1kg，成年母羊体重平均为 33.7kg；周岁公、母羊体重分别为 23.0kg 和 20.6kg。周岁羯羊屠宰率为 46.2%，成年羯羊的屠宰率为 49.96%。牛腿山羊板皮质量好，板皮面积大而厚实，整张均匀度良好，是制革业的上等原料。

牛腿山羊性成熟早，一般为 3 ~ 4 月龄。母羊全年发情，以春、秋两季旺盛。母羊初配年龄为 5 ~ 7 月龄，一般可以一年两胎或两年三胎，产羔率平均为 111%。

（4）南江黄羊　南江黄羊原产于四川省的南江县，是采用多品种复合杂交，并经过多年选择和培育而形成的品种，是适于山区放养的肉用型山羊新品种。

南江黄羊具有典型的肉用羊体型。体格较大，背腰平直，后躯丰满，体躯呈圆筒形。大多数公、母羊有角，头部较大，颈部较粗。被毛呈黄褐色，面部多呈黑色，鼻梁两侧有一条浅黄色条纹，从头顶部到尾根沿着脊背有一条宽窄不等的黑色毛带，前胸、颈、肩和四肢上端着生黑而长的粗毛（见图 3-19）。

南江黄羊成年公羊体重平均为 59.3kg，成年母羊体重平均为 44.7kg；周岁公、母羊体重分别为 32.9kg 和 28.8kg。南江黄羊产肉率高，在放牧且无任何补饲的条件下，6 月龄体重为 21kg，屠宰率为 47%；周岁体重为 25.9kg，屠宰率为 48.6%；成年羯羊体重为 54.1kg，屠宰率为 55.7%。肉

图 3-18　牛腿山羊

图 3-19　南江黄羊

质细嫩，蛋白质含量高，膻味小。

南江黄羊性成熟早，母羊 6 月龄即可配种，终年发情，可以一年两产，平均产羔率为 207.8%。

（5）承德无角山羊　承德无角山羊俗称"秃羊"。原产地在河北省的承德地区，产区属于燕山山脉的冀北地区，故又名燕山无角山羊，是承德地区特有的肉、皮、绒兼用的山羊品种。

承德无角山羊体质健壮，结构匀称，肌肉丰满，体躯宽广，侧视呈长圆形。公羊颈部略短而宽，母羊颈部略扁而长，颈、肩、胸结合良好，背腰平直，四肢强健，蹄质坚实。

无论公、母羊均无角，但有角痕。头大小适中，额宽、颈粗、胸阔，耳宽大略向前伸，额上有旋毛，颌下有髯，毛长绒密，体大健壮，产肉性能好，性情温顺，因为头上无角，故对林木破坏性小，深受农民喜爱，被誉为"森林之友"。被毛有黑色、白色及黑白混合 3 种，以黑色为主，约占群体的70%；其次为全白色，也称为"白无角"。承德地区各县均有饲养，以滦平县、平泉市、宽城县、兴隆县居多，目前总数达 $30×10^4$ 只。2004 年被中国畜禽品种审定委员会认定为国内山羊品种的优良基因，编入中国种畜禽育种成果大全，已向全国推广（见图 3-20）。

承德无角山羊周岁公、母羊体重分别为 32kg 和 27kg。成年公羊的屠宰率为 53.4%，成年母羊的屠宰率为 43.4%，羯羊的屠宰率为 50%。肉质细嫩，脂肪分布均匀，膻味小。除了产肉外，还可以产绒，公羊平均产绒 240g，母羊平均产绒 110g。性成熟早，公羊初配年龄为 1.5 岁，母羊为 1 岁。一般一年产一胎，产羔率为 110%。

图 3-20　承德无角山羊

由于育成地区的自然条件和粗

放的饲养管理，承德无角山羊的四肢发育和生产性能未能得到充分发挥，其后躯发育略显不足。改善饲养管理条件，是今后提高该品种肉用性能和经济效益的主要措施。

## 第二节　杂交优势的利用——肉羊品种的杂交改良

在肉羊生产中，目前广泛开展杂交，利用体型大、肉用性能好、生长发育快的肉用型绵羊、山羊品种，对产肉性能差的绵羊、山羊品种进行杂交改良，以期提高后代的产肉性能和肉品品质。

### 一、杂交优势的概念

杂交即不同品种间、不同品系间的杂交。不同品种的羊杂交产生的后代往往比亲本具有更大的生活力和生长强度，表现在抗逆性、繁殖力、生长速度、生理活动、产品产量、产品品质、寿命长短和适应能力等各个性状方面，这种现象称为杂交优势。在肉羊杂交生产中，杂交后代的初生重、饲料报酬、繁殖能力、生长性能等均比亲本好。国外肉羊生产中已经广泛应用杂种优势，使其成为现代工厂化肉羊生产的一个不可或缺的环节。

杂种优势的利用也称为经济杂交。杂种是否有优势，优势有多大，在哪些性状上表现优势，主要取决于杂交用的亲本羊群之间的配合力。如果亲本羊群缺乏优秀基因，或者是亲本羊群纯度差，或者是两个亲本羊群在主要经济性状上（如产羔率、生长速度、产肉性能等）差异不大，或杂交缺乏充分发挥杂交优势的饲养管理条件，这样都不能表现出理想的杂种优势。

### 二、杂交方法

按照杂交亲本数量，可分为二元杂交、三元杂交和四元杂交等；按照杂交改良的用途又可分为经济杂交和育成杂交等。现在肉羊育肥多采取经济杂交的方法。

## 1. 经济杂交

经济杂交主要是利用两个或两个以上的品种杂交生产的杂种优势，即利用杂种后代所具有的生活力强、生长速度快、饲料报酬高、生产性能高的优势。应用经济杂交最广泛、效益最好的是肉羊的商业化生产，尤其是大规模肥羔生产常用的杂交方法。经济杂交的主要目的是生产肥羔，选择的品种要求母羊繁殖力强、羔羊生长发育快、饲料报酬高和羔羊品质优良。经济杂交效果的好坏，必须通过不同品种之间的杂交组合试验，以期获得最大杂种优势的组合为最佳组合，这是最终取得最好经济效益的关键。只有良种良养、优生优育才能使杂种所具有的遗传潜力得到最大程度表现。

实践证明，用两个以上品种（如3个或4个）进行多元杂交，比用两个单一品种进行经济杂交效果更好。

（1）二元杂交　二元杂交就是用两个不同的绵羊、山羊品种或品系进行杂交，所产生的杂交后代全部作经济利用，主要利用杂交一代的杂种优势。这种杂交方法的缺点是需要饲养较大数量的亲本，用于以后的继续杂交。

（2）三元杂交　三元杂交就是在二元杂交的基础上，用第三个品种或品系的公羊和第一代杂交母羊交配，产生第二代杂种（三元杂交后代），全部作经济利用。选择的第三个品种或品系（又叫终端父本），应具有生长发育快和较好的产肉性能。例如，在进行肥羔生产时，应先选择两个繁殖力强的品种或品系进行杂交，杂种后代将在繁殖性能方面产生较大的杂种优势，即杂种后代作母本和产肉性能好的第三个品种或品系的公羊杂交，就能生产更多产肉性能好、生长发育快的三元杂交后代。三元杂交主要利用杂种一代母羊的杂种优势。

（3）四元杂交　四元杂交又叫双杂交。选择4个各具特点的绵羊、山羊品种或品系A、B、C、D，先进行两两之间的杂交，即A×B和C×D（或A×C和B×D），产生的两组杂交后代为$F_{ab}$和$F_{cd}$，然后再用$F_{ab}$和$F_{cd}$进行杂交，产生"双杂交"后代$F_{ab \cdot cd}$，全部作经济利用。

（4）级进杂交　级进杂交可以从根本上改变一个品种的生产方向，如将普通山羊改变为肉用型山羊。

引进优良纯种羊与本地普通品种羊交配，以后再将杂种母羊和同一品种公羊交配，一代一代交配下去，使其后代的生产性能接近引进品种，这种杂交方法称为级进杂交。必须注意，级进杂交并不是将后来的品种完全变成原来品种的复制品，而需要创造性地应用。如我国有些地方绵羊、山羊品种繁殖力强，这种高产性能必须保存下来，因此级进杂交并非代数越多越好。实践证明，过高的杂交代数反而使杂种个体的生活力、繁殖力以及适应性下降，效果适得其反。一般以级进杂交 2 ~ 3 代为宜。

## 2. 育成杂交

育成杂交就是将几个品种的羊，通过杂交的方法创造出一个符合生产要求的新品种。用两个品种杂交培育成新品种称为简单育成杂交，用三个或三个以上品种杂交育成新品种称为复杂育成杂交。

育成杂交的目的是把两个或几个品种的优点保留下来，剔除缺点，成为新品种。当本地羊品种不能满足生产需要，也不能用级进杂交的方法彻底改变时，即可用育成杂交。杂交所用的品种在新品种中所占的比例要根据具体情况而定，而且只要选择亲本合适，不需要杂交代数过高，只要能把优良性状结合起来，当达到理想要求时，即可进行自群繁育。再进一步经过严格选择和淘汰，扩大数量，提高产品质量，即可培育出新品种。

## 3. 导入杂交

导入杂交是指在一个品种的生产性能基本满足要求，而在某一方面还存在不足，而这种不足又难以用本品种选育得到改善时，就可选择一个具有这方面优点的公羊与之交配 1 ~ 2 次，以纠正不足，使品种特性更加完善，这种方法就叫导入杂交。采用导入杂交时，不仅要慎重挑选改良品种，对个体公羊也要有很好选择，这样才能达到纠正原来品种不足的目的。进行导入杂交时，可在原来品种内选择少量优秀母羊和导入品种的理想公羊交配，以期获得优秀的理想公羊，再加以广泛应用，以达到提高这方面性能的目的。

### 4. 轮回杂交

轮回杂交就是 2 ～ 3 个或更多品种羊轮番杂交，杂种母羊继续繁殖，杂种公羊作经济利用。轮回杂交示意图（见图 3-21）。

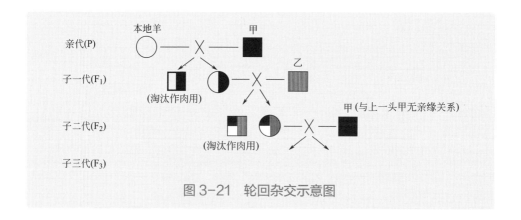

图 3-21　轮回杂交示意图

轮回杂交每代交配双方都有相当大的差异，因此始终能产生一定的杂种优势。据报道，采用轮回杂交生产肥羔，二元轮回杂交肥羔出售时体重比纯种提高了 16.6%，三元轮回杂交体重比纯种提高了 32.5%。

## 三、肉羊生产中的杂交改良

近年来，我国许多地区先后引进了一批肉用羊品种，并在各地区开展了广泛的经济杂交。从试验结果看，杂种羊初生体重大、生长发育快、产肉性能强、饲料报酬高、生产成本低。

例如，河北省畜牧研究所为了提高本地绵羊的产肉性能，于 2000 ～ 2003 年，在河北省的迁西县和唐县等地，用萨福克肉羊、无角陶赛特肉羊对本地小尾寒羊进行了杂交改良。两个杂交一代羯羊 6 月龄时，宰前活重分别为 41.35kg 和 39.26kg，胴体重分别为 22.80kg 和 21.46kg，屠宰率分别为 55.14% 和 54.46%。杂交羔羊均表现生长快、产肉多、饲料转化率高等优点。还表现为杂种羔羊日增重多，同时肉用品质也得到了改善。

## 第四章

# 羊的生理特点与饲料配合

# 第一节　羊的消化生理特点

羊属于反刍动物，反刍是羊等反刍动物正常的生理行为。羔羊要在出生后 2 ~ 3 周才有反刍行为。羊有 4 个胃，分别叫作瘤胃、网胃（蜂巢胃）、瓣胃（重瓣胃）、皱胃。其中，前三个胃的黏膜都没有腺体，统称为前胃，第一个胃叫瘤胃，瘤胃的体积最大，可以占到 4 个胃总体积的70% ~ 80%，其功能是容纳和临时贮存采食的饲草，以便休息时再进行反刍。瘤胃中含有大量的微生物（细菌和原虫），能够帮助消化饲料中的粗纤维，制造 B 族维生素，以及利用无机氮制造蛋白质等营养物质。饲草都需要在瘤胃中进行反刍。网胃与瘤胃的功能基本相似，除了机械作用外，内部也含有大量的微生物，这些微生物也可以分解消化食物。瓣胃黏膜形成新月形的瓣叶，对食物进行机械性压榨。最后一个胃——皱胃的胃壁上有腺体，能分泌消化酶，其功能与单胃动物的胃相似，故称为真胃（见图 4-1）。

羊的小肠是分解和吸收营养的最主要场所，其细长曲折，成年羊的小肠有 22 ~ 25m 长，相当于体长的 25 倍左右。胃内容物进入小肠后，在

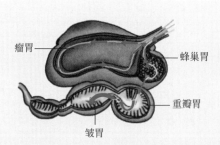

图 4-1　成年羊的四个胃及饲草在胃内走向的示意
（箭头表示的是食物在四个胃内的移动路线）

各种消化酶的作用下，被消化分解，分解后的营养物质在小肠内被吸收，没能被消化的食糜随着小肠的蠕动进入大肠。大肠短而粗，其主要功能是吸收水分和形成粪便。

哺乳期的羔羊，其前胃还没有发育完全，实际起作用的是皱胃。此时，瘤胃微生物区系尚未形成，还不能像成年羊那样能够消化大量的粗饲料，故羔羊对淀粉的耐受量很低。小肠消化淀粉的能力也有限，吃进去的母乳直接进入皱胃，由皱胃所分泌的凝乳酶进行消化。随着日龄的增长和采食植物性饲料的增加，前胃逐渐发育增大，在2～3周开始出现反刍行为，此后，皱胃凝乳酶的分泌逐渐减少。因此，可在出生后15d左右开始补饲优质干草和饲料，以刺激瘤胃的发育和微生物区系的形成，增强羔羊对植物性饲料的消化能力。

## 第二节　育肥羊的饲料

羊的饲料种类极为广泛，绵羊主要生活在草原地区，以各种青草为主要饲料；山羊主要生活在山区，最喜欢采食比较脆嫩的植物茎叶，如灌木枝条、树叶、树枝、块根、块茎等。树枝、树叶可占其采食量的1/3～1/2。枯草季节，还可以组织羊群进行放牧，一方面解决饲料不足问题，另一方面可以增强羊只的体质，减少疾病的发生。灌木丛生、杂草繁茂的丘陵、沟坡是放牧山羊的理想地方（见图4-2）。

羊的饲料按来源可分为青绿饲料、青贮饲料、粗饲料、多汁饲料、精饲料、无机盐饲料、蛋白质饲料、特种饲料等。下面重点介绍一下青绿饲料和秸秆的青贮技术。

图4-2　放牧的羊群

# 一、青绿饲料

青绿饲料的种类很多，包括各种野生杂草、灌木枝叶、各种果树和乔木树叶、青绿牧草、刈割的青饲料等。青绿饲料含水量高（大约在75%～90%），粗纤维含量少，营养价值较丰富，适口性好。

但是，高粱苗、玉米苗等含有少量氰苷，在胃内由于酶和胃酸的作用，被水解为有剧毒的氢氰酸，大量采食可引起羊中毒；幼嫩豆科青草适口性好，应防止羊过量采食，以免造成瘤胃臌胀，同时也可避免农药中毒。薯秧、萝卜和甜菜等往往带有泥沙，喂前要洗净。

要注意的是，过嫩的青绿饲料往往含水量高、容积大，羊容易吃饱，也容易饥饿和腹泻。因此，早春季节放牧时要补充一些干草。

大量饲喂青绿饲料时，要充分考虑与干物质搭配，以避免摄入的干物质不足而影响生长和生产。青绿饲料的处理方法有切碎、打浆、闷泡和浸泡、发酵等，这样可以减少浪费，便于采食和咀嚼，提高利用价值，改善适口性，软化纤维素，改善饲料品质。

如果青绿饲料存放时间过长或保管不当，会发霉腐败；在锅内加热或煮熟后焖在锅里过夜，都会使青绿饲料里的亚硝酸盐含量大大增加，此时的青绿饲料不可再饲喂。

# 二、青贮饲料

青贮饲料是指将青绿多汁饲料切碎、轧短、压实、密封在青贮窖或青贮塔以及塑料袋内，经过乳酸菌发酵而制成的一种味道酸甜、柔软多汁、营养丰富、易于保存的饲料。它保留了植物大部分蛋白质和维生素等绝大多数的营养物质。

## 1. 青贮的意义

青贮是调制、贮藏青饲料和秸秆等饲料的有效方法，青贮既适用于大型羊场，也适用于中小型羊场。

用青贮饲料饲喂羊，如同一年四季都能使羊采食到青绿多汁饲料，从而使羊常年保持高水平的营养状态和生产水平，所以也有人把青贮饲料叫作羊的"青草罐头"。青贮在牧区可以做到更合理地利用牧地，在农区能做到合理利用大量的青饲料和秸秆。青贮主要优点如下：

（1）青贮饲料能有效地保留青绿植物的营养成分　一般情况下，青绿植物成熟晒干后，营养价值会降低30%～50%，但青贮以后只降低3%～10%。能有效保留青绿植物中的蛋白质和维生素。

（2）青贮饲料能保存原料青绿时的鲜嫩汁液　干草的含水量只有14%～17%，而青贮饲料含水量能达70%，适口性好，消化率高。

（3）青贮饲料可以扩大饲料来源　羊不喜欢或不能采食的野草、野菜、树叶等，经过青贮发酵，可以变成其可口的饲料。青贮可以改变这些饲料的口味，并且可以软化秸秆，增加可食部分的数量。

（4）青贮法保存饲料经济且安全　青贮饲料比贮存干草需要的空间小。另外，只要贮存方法得当，可以长期保存，不会因风吹日晒而变质，也不会有火灾事故发生。

（5）青贮可以消灭害虫和杂草　很多危害农作物的害虫多寄生在收割后的秸秆上越冬，如果对秸秆进行青贮，由于青贮窖内缺乏氧气，并且酸度较高，就可以将许多害虫的幼虫或虫卵杀死。如玉米钻心虫经过青贮就会失去全部生活能力。许多杂草的种子，经过青贮也会丧失发芽的能力。

（6）青贮饲料在任何季节都能供羊采食　对于羊来说，青贮饲料已经成为其维持和创造高产水平不可缺少的饲料之一，一年四季都可食用。

## 2. 青贮的原理

青贮是在缺氧的环境条件下，让乳酸菌大量繁殖，从而将饲料中的淀粉和可溶性糖变成乳酸；当乳酸积累到一定浓度后，便抑制腐败菌等杂菌的生长，这样就可以把饲料中的养分长时间地保存下来。

青贮原料上附着的微生物，可以分为有利于青贮和不利于青贮两大类。对于有利于青贮的微生物主要是乳酸菌，它的生长繁殖要求厌氧、湿润、有一定数量的糖分；对于不利于青贮的微生物主要有腐败菌等，它们大部分是好氧和不耐酸的。

所以，青贮成败的关键在于能否给乳酸菌创造一个好的生存条件，保证其迅速繁殖，形成有利于乳酸菌发酵的环境和防止有害腐败过程的发生。

乳酸菌的大量繁殖，必须具备以下条件：

（1）青贮原料要有一定的含糖量　青贮原料糖的含量不得少于1%～1.5%。含糖量高的，如玉米秸秆和禾本科青草等为容易青贮的原料。

（2）原料的含水量要适度　原料的含水量一般以60%～70%为宜。调节含水量的方法：如果含水量高，可加入干草、秸秆等；如果含水量低，可以加入新鲜的嫩草。

测定含水量的方法有：

① 搓绞法：搓绞法就是在切碎之前，使原料适当凋萎，当植物的茎被搓绞而不至于折断，其柔软的叶子也不出现干燥迹象时，说明原料的含水量正合适。

② 手抓测定法：手抓测定法也叫挤压法，就是取一把切短的原料，用手用力挤压后慢慢松开，注意手中的原料团球状态，若团球散开缓慢，手中见水而不滴水，说明原料的含水量正合适。

判定青贮原料水分含量在60%～70%的方法：抓一把切碎的原料紧紧攥在手中挤压，然后手自然松开，手中的团球慢慢膨胀，手中见水但不滴水（手心有水印），说明其含水量大致在60%～70%。

（3）温度适宜　青贮的适宜温度一般在19～37℃。

（4）缺氧环境　将原料切短、压实，以利于排出空气。一般要切到2～3cm长，这样容易压实压紧，排除青贮料中的空气，为乳酸菌创造适宜的厌氧生活环境。

### 3. 青贮设施的种类

青贮设施有圆筒状的青贮窖和青贮塔，以及长方形的青贮壕、青贮池等。按照在地平线上、下的位置分，又可以有地下式、半地下式和地上式三种。我国大多采用地下式青贮设施，青贮壕或青贮窖等全部建在地下，且要求建在地下水位低和土质坚实的地区，底部和四壁可以修建围墙，并且内表面要用水泥抹得平整、光滑，防止漏气和渗水，也可以在底部和四壁裱衬一层塑料薄膜（见图4-3、图4-4）。

总的来说，要求青贮设施不通气、不透水，墙壁要平整光滑，要有一定的深度，能防冻。

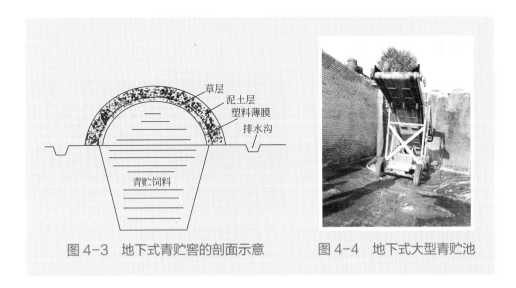

草层
泥土层
塑料薄膜
排水沟
青贮饲料

图4-3　地下式青贮窖的剖面示意　　图4-4　地下式大型青贮池

### 4. 青贮的原料

常用来作青贮的原料有玉米茎叶、苜蓿、各种牧草、块茎作物等。现在大多用玉米秸秆作原料。在自然状态下，生长期短的玉米秸秆更容易被羊只消化。同一株玉米，上部比下部营养价值高，叶片比茎秆营养价值高。

选择青贮的原料品种和选定适宜的收割时期，这对于青贮的质量影响很大。玉米秸秆的青贮，一般用乳熟期或蜡熟期的玉米秸秆作青贮原料。判定玉米乳熟期的方法是在玉米果穗的中部剥下几粒玉米粒，将它纵向剖开，或只是切下玉米粒的尖部，就可以找到靠近尖部的黑层。如果有黑层存在，那就说明玉米粒已经达到生理成熟期，是选择作青贮原料的适宜收割时期；禾本科牧草的收割应选在抽穗期；豆科牧草应选在开花初期。

### 5. 原料的装填和压实

一旦开始装填青贮原料，速度就要快，以避免原料在装满和密封之前腐败。一般要求在 2d 之内完成。

切碎的原料要避免暴晒。青贮设施内应有人将装入的原料混匀耙平。原料要一层一层地铺平。

原料的压实，小型青贮可以用人力踩踏；大型青贮可以将拖拉机或三马车开进去进行压实，之后人员再到边角处，对机器不能压实的地方进行踩踏、压实。利用机械、车辆等碾压时，要注意不要把泥土、油污、金属、石块等带入设施内。另外，在边角处一定要进行人工踩踏，防止存气和漏气。

### 6. 青贮设施的密封和覆盖

青贮设施中的原料在装满压实后，必须密封和覆盖，目的是避免空气继续与原料接触，从而使得青贮设施内呈现厌氧状态。

方法是先在原料的上面覆盖一层细软的青草，草上再盖上一层塑料薄膜，再用 20cm 左右的细土覆盖密封。顶部要高出地面 0.5m 左右。之后注意观察，如果有下沉的地方，就及时用泥土覆盖好。顶部的四周要挖好排水沟，防止雨水、雪水进入设施内。

### 7. 青贮饲料的品质鉴定

（1）感官鉴定法　一般采用气味、颜色和结构 3 项指标进行鉴定。

① 气味：通过嗅闻青贮饲料的气味，评定青贮饲料的优劣（见表 4-1）。

表 4-1　青贮饲料的气味以及评定结果

| 气味 | 评定结果 |
| --- | --- |
| 具有酸香味，略有醇酒味，给人以舒适的感觉 | 品质良好，各种羊都可饲喂 |
| 有一定的香味或很淡，稍有醋酸味 | 品质中等，羔羊和妊娠羊不能饲喂 |
| 香味很淡，稍微有醋酸味 | 品质低劣，不能喂羊 |

② 颜色：品质良好的青贮饲料，其外观呈现青绿色或黄绿色（说明青

贮原料收割的时机很好）；品质中等的青贮饲料呈现黄褐色或暗绿色（说明原料收割已经有些迟了）；品质低劣的青贮饲料多为暗色、褐色、墨绿色或黑色，这种饲料就不能拿来喂羊了，说明青贮失败，是在青贮的某个环节出现了问题（见图4-5、图4-6）。

图4-5　青贮饲料的外观

图4-6　青贮饲料外观品质鉴定

③ 结构：品质良好的青贮饲料压得非常紧密，拿在手上有很松散、质地柔软、略带湿润的感觉。叶、小茎、花瓣等能保持其原来的形态，能清晰地看见茎、叶上的叶脉和绒毛。相反，如果青贮饲料黏成一团，或质地干硬，表示水分过多或过少，都不是良质的青贮饲料。发黏、腐败的青贮饲料是不适合饲喂任何类型的羊的（见表4-2）。

表4-2　青贮饲料感官鉴定标准

| 等级 | 色泽 | 味道 | 气味 | 质地 |
|------|------|------|------|------|
| 良好 | 黄绿色、青绿色 | 酸味较浓 | 芳香味 | 柔软、稍湿润 |
| 中等 | 黄褐色、暗绿色 | 酸味中等或较淡 | 芳香、稍有酒精味或醋酸味 | 柔软、稍干或水分较多 |
| 低劣 | 黑色、褐色 | 酸味很淡 | 臭味 | 干燥松散或黏结成块 |

（2）实验室鉴定法　需要较多的设备、好多的化学药品，操作也比较烦琐，这里就不再说明了。

### 8. 青贮饲料的饲喂

羊能够很好地、很有效地利用青贮饲料。饲喂青贮饲料的羊，可以生长发育得很好，成年羊肥育的速度加快，生长速度加快。

青贮饲料的饲喂量：成年羊每天 3 ～ 5kg；羔羊每天 300 ～ 600g。一定要注意，饲喂青贮饲料要有一个适应过程，逐渐进行过渡，一般经过3 ～ 5d 的时间，才全部过渡到饲喂青贮饲料。取用青贮饲料方法也要恰当，要逐层取或逐段取，吃多少就取多少，不要一次性取太多，取完之后要遮盖严实，尽量避免多接触空气。

## 三、粗饲料

粗饲料包括各种青干草、干树叶、作物秸秆、秕壳、藤蔓等，其特点是容积大、水分少（含水量小于 60%）、粗纤维多（大于或等于 18%）、可消化物质少。秸秆适口性差，消化率低，钾的含量高，钙、磷相对较低。在冬、春枯草季节，粗饲料可以作为羊的一种基本饲草。

有条件的地方，可以把各种粗饲料进行混合青贮，这样既能提高这些粗饲料的适口性，又能提高粗饲料的消化率和营养价值。

### 1. 秸秆的加工调制

秸秆中含有大量的粗纤维，利用率低，经过加工调制以后，可以大大提高秸秆的利用率。在自然状态下，羊对玉米秸秆的消化率仅为 65% 左右。秸秆饲料有下列加工方法：

（1）切短　秸秆切短后，可以减少育肥羊咀嚼时的能量消耗，减少饲料浪费，提高采食量，并有利于改善适口性。切短的长度，一般成年羊要切成 1.5 ～ 2.5cm，羔羊可更短一些。

总的要求是喂给羊的秸秆饲料要尽量切短铡碎。即老百姓经常说的谚语"寸草铡三刀，料少也长膘"。

（2）粉碎　优质秸秆和干草经过适当处理和粉碎后，可以提高消化率。但对于羊来说，粉碎得过细，通过瘤胃的速度会加快，利用率反而会降低。秸秆的切短和粉碎可用粉碎机（见图4-7）。

图4-7　秸秆饲料粉碎机

## 2. 秸秆氨化

秸秆氨化就是在一定的密闭条件下，将氨水、无水氨（液氨）或尿素溶液，按照一定的比例喷洒在作物秸秆等粗饲料上，在常温下经过一定时间的处理，提高秸秆饲用价值的一种方法。经过氨化处理的粗饲料叫氨化饲料。氨化饲料非常适合于山羊。

（1）原理　氨水、液氨和尿素都是含氮化合物，这些含氮化合物分解而产生氨，氨可以与秸秆中的有机物发生一系列的化学反应，形成铵盐。铵盐是一种非蛋白氮的化合物，正是羊瘤胃里微生物的良好氮素营养源。当羊食入含有铵盐的氨化秸秆后，在瘤胃脲酶的作用下，铵盐分解成氨，被瘤胃微生物所利用，并同碳、氮、硫等元素合成氨基酸，然后合成菌体蛋白质，即细菌本身的蛋白质。通过氨化作用，氨化后的秸秆可以代替羊的部分蛋白质饲料，尤其是当蛋白质饲料不足时，效果更明显。

（2）氨化秸秆的优点　经过氨化处理后，秸秆饲料变得比原来柔软，有一种糊香或酸香气味，适口性及应用价值显著提高，并大大降低了粗纤维的含量，提高了饲料的消化率。另外，饲喂的效果好，能有效提高饲料的饲用价值，从而降低饲养成本，为解决饲料资源的短缺提供了一条有效途径。秸秆氨化后，还能增加含氮量和粗蛋白质的含量。

（3）秸秆氨化的处理方法

① 把秸秆捆成小捆。

② 底层铺好塑料薄膜，把捆整齐的秸秆层层码放在塑料薄膜上，捆与捆之间最好交错压茬，垛紧。

③ 将全部秸秆码好后，用塑料薄膜封严顶部和四周，把氨水管插入垛内，向内部灌注氨水，再把顶部压紧。

（4）氨水用量及氨化处理的温度与时间　氨水的量占干物质的1.0% ~ 2.5%。氨化处理的温度和时间：5℃以下，处理8周以上；5 ~ 15℃，4 ~ 8周；15 ~ 30℃，1 ~ 4周；30℃以上，1周；45℃时，3 ~ 7d（见表4-3）。

表4-3　秸秆氨化处理的温度和时间

| 温度 | 时间 |
| --- | --- |
| 5℃以下 | 8周以上 |
| 5 ~ 15℃ | 4 ~ 8周 |
| 15 ~ 30℃ | 1 ~ 4周 |
| 30℃以上 | 1周 |
| 45℃ | 3 ~ 7d |

### 3. 秸秆碱化

碱可以将纤维素、半纤维素和木质素分解，并使它们分离，引起细胞壁膨胀，最后使细胞纤维结构失去坚硬性，变得疏松。秸秆经过碱化后渗透性增加，可使羊的消化液和瘤胃微生物直接与纤维素和半纤维素接触，在纤维素酶的参与和作用下，使纤维素和半纤维素分解，被羊消化利用。

一般方法是将秸秆切短后，用含有2% ~ 3%的生石灰溶液浸泡

5 ～ 10min，捞出放置 24h 后即可用来喂羊。处理后的秸秆，消化率显著提高。经 1% 生石灰水处理后的麦秸，有机物的消化率提高了 20%，粗纤维的消化率提高了 22%，无氮浸出物的消化率提高了 17%，还能增加采食量和补充钙质。

### 4. 秸秆微贮

秸秆微贮是近年来发展起来的一项新的饲草处理技术，具有成本低、效益高、适口性好、资源广、保存期长等优点。主要是用玉米秸、麦秸或杂草进行微贮。试验证明，这项技术可提高秸秆粗蛋白质的含量，是各类型羊在冬、春季枯草期的较好饲料。秸秆微贮的处理方法及步骤：

① 将玉米秸或麦秸切碎，其长度以 1.5 ～ 2.0cm 为宜。

② 复活菌种（秸秆发酵活干菌系新疆畜牧科学院等单位生产）。将小袋内的菌种在常温下溶于 200mL 浓度为 1% 的砂糖液中，放置 2h。

③ 将复活好的菌液加入生理盐水中混匀。

④ 将切碎的秸秆铺放在窖内，厚度约 10 ～ 20cm，然后均匀洒入菌液。

⑤ 压实，使原料保持 65% ～ 70% 的水分。

⑥ 薄薄撒上一层玉米粉或麦麸，促进发酵。

重复①～⑥过程，直至碎秸秆压入量高出窖口 20 ～ 40cm；再压实，每平方米面积撒 250g 盐（防发霉），最后用塑料薄膜覆盖密封。一般在外界气温 20℃ 左右时，大约 1 个月即可开窖饲喂。发臭或有霉味的，不要饲喂，以防中毒。

## 四、多汁饲料

多汁饲料包括块根、块茎、瓜类、蔬菜等。多汁饲料水分含量很高，干物质含量低，蛋白质少，粗纤维含量低，维生素较多。多汁饲料质脆鲜美、消化率高、营养价值高、贮存期长、适口性好，是种公羊、产奶母羊在冬、春季节不可缺少的饲料。多汁饲料也可制成青贮饲料或晒干，以冬、春季节饲喂最佳。

# 五、精饲料

精饲料主要是禾本科和豆科作物的籽实以及粮油加工副产品，如玉米、小麦、大麦、高粱、大豆、豌豆以及麸皮、豆饼类、粉渣、豆腐渣等。

精饲料具有营养物质含量高、体积小、水分少、粗纤维含量低和消化率高等优点，是羔羊、泌乳期母羊、种公羊及高产羊的必需饲料。精饲料的加工有下列一些方法。

## 1. 粉碎和压扁

（1）粉碎　精饲料经过粉碎后饲喂，可以增加饲料与消化液的接触面积，有利于消化。如大麦有机物质的消化率在整粒、粗磨、细磨的情况下分别为 67.1%、80.6%、84.6%，从中可以看出差别还是很大的。

（2）压扁　将玉米、大麦、高粱等去皮、加水，将水分调节到 15%～20%，用蒸汽加热到 120℃左右，再用辊压机压成片状后，干燥冷却，即成压扁饲料。压扁饲料也可以明显提高消化率。

## 2. 湿润和浸泡

籽实类饲料经水浸泡后，膨胀柔软，容易咀嚼，便于消化。有些饲料含有鞣质、皂角苷等微毒性物质，并具有异味，浸泡后毒性和异味会减轻，从而提高了适口性和可利用性。如高粱中含有鞣质，有苦味，在调制配合饲料时，色深的高粱只能加到 10%。浸泡一般用凉水，料水比为（1：1）～（1：5），浸泡时间随着季节以及饲料种类而异，豆科籽实在夏季浸泡的时间要短，以防饲料变质。

## 3. 蒸煮和焙炒

（1）蒸煮　豆科籽实经过蒸煮可以提高营养价值。如大豆经过适当湿热处理，可以破坏其中的抗胰蛋白酶，提高消化率。豆饼类或豆腐渣中含有抗胰蛋白酶、红细胞凝集素、皂角苷等有害物质，有"豆腥味"，影响饲料的适口性和消化率。但这些物质不耐热，在适当水分条件下加热即可分解，有害作用就可消失，但如果加热过度，会降低部分氨基酸的活性甚至破坏氨基酸。

（2）焙炒　禾本科籽实经过焙炒后，一部分淀粉转变成糊精，从而提高淀粉的利用率，还可以消除有毒物质、杂菌和害虫以及害虫虫卵，使饲料变得香脆、适口。

另外，油饼类饲料中含有硫酸基较多，硫酸基是形成羊毛的原料，常饲喂油饼类饲料，可促进羊毛生长和提高羊毛产量。

### 4. 制粒

将饲料原料粉碎后，根据羊的营养需要，按一定的配合比例在混料机中充分混合，用颗粒饲料机挤压成一定大小的颗粒形状。颗粒饲料的营养价值全面，可以直接拿来喂羊。颗粒饲料常为圆柱形，直径为2～3mm、长8～10mm。

## 六、无机盐饲料

无机盐饲料不含蛋白质和能量，只含无机元素，具有补充日粮中无机元素的不足，加强羊的消化和神经系统（器官）的功能。这类饲料主要有食盐、骨粉、贝壳粉、石灰石、磷酸钙、碳酸钙以及各种微量元素添加剂等。无机盐饲料一般用作添加剂，除食盐外，很少单独饲喂，饲喂时要与其他饲料混合使用，混合时要注意混合均匀，可以使用饲料搅拌机（见图4-8）进行搅拌，以免造成有的羊吃到的量多，有的羊吃到的量少。食盐摄入过量会引起食盐中毒。

## 七、蛋白质饲料

蛋白质饲料是指粗纤维含量低于18%，粗蛋白质含

图4-8　牛羊草料粉碎机和饲料搅拌机

量为 20% 以上的饲料，如豆类、饼（粕）类、动物性饲料及其他。蛋白质饲料在精饲料补充中一般占 20% ~ 30%。蛋白质饲料主要包括植物性蛋白饲料、动物性蛋白饲料、单细胞蛋白饲料和非蛋白氮饲料，其中单细胞蛋白饲料和非蛋白氮饲料也被称作特种饲料。

植物性蛋白饲料，以豆科籽实、饼（粕）类和糟渣类（酒糟、豆腐渣、粉渣、白薯渣等）最为常用。

动物性蛋白饲料有鱼粉、肉骨粉、血粉、羽毛粉、脱脂奶、乳清等。除了乳品外，其他种类含蛋白质为 55% ~ 84%，不仅含量高，而且品质好。这类饲料含糖类少，几乎不含粗纤维。如鱼粉含钙 5.44%、磷 3.44%，维生素含量较高，正是泌乳期的母羊和育肥期的羊都大量需要的。

# 八、特种饲料

特种饲料是指经过特殊调制获得的饲料，包括颗粒饲料、磷酸脲、尿素、氨基酸等人工培养或化学合成的饲料。这类饲料体积小、营养价值高、效能高，主要是为了补充日粮中某些营养的不足或调整机体代谢。

### 1. 尿素

尿素只适用于瘤胃发育完全的羊，其只是作为瘤胃微生物合成蛋白质所需的氮源，而微生物在经过羊小肠时被分解、吸收。纯尿素中含 46% 的氮，如全部被微生物合成蛋白质，1kg 尿素相当于 7kg 豆饼所含蛋白质的营养价值。

（1）尿素的用量　一般按羊体重的 0.02% ~ 0.05% 供给，占日粮中粗蛋白质的 25% ~ 30%，6 月龄以上的羊每只每日饲喂 8 ~ 12g，成年羊每只每日饲喂 13 ~ 18g。

（2）尿素的饲喂方法　尿素的吸湿性大，易溶解于水而分解成氨，所以不能单独饲喂或溶解于水中饲喂，应与精饲料或饲草拌匀后再喂。饲喂后不可立即饮水，以免尿素直接进入真胃（皱胃）而引起中毒，要每日分 2 ~ 3 次饲喂。同时供给足够量的可溶性糖类、无机盐饲料，才能使羊很好地利用尿素。饲喂尿素时，要与饲料拌匀，不可和含油脂多的豆饼混合饲喂。

饲喂时一定要掌握好尿素的量，并且不能单独喂或溶解于水中喂。同时饲喂尿素还要有一个过渡和适应过程，否则可能发生尿素中毒或导致羊不爱吃，甚至拒绝采食。

（3）饲喂尿素的注意事项

① 饲喂尿素时，日粮中蛋白质含量不宜过高。

② 尿素不能代替全部粗蛋白质饲料。饲喂尿素时如能另外补充一些蛋氨酸或硫酸盐，效果会更好。日粮中配合适量的硫与磷，能提高尿素的利用率。

③ 羊对尿素的适应期不应少于 7d，习惯之后要连续饲喂效果才好，因为微生物对尿素的利用有个适应过程，中间不宜中断。

④ 处于饥饿状态下的羊，不要立即饲喂尿素。

⑤ 食入过量尿素（包括由于搅拌不匀而食入过多）时，会发生尿素中毒，一般发生在食后 0.5 ~ 1h。

a. 中毒症状：轻者食欲减退，精神不振；重者运动失调，四肢抽搐，全身颤抖，呼吸困难，瘤胃臌气。如不及时治疗，重者在 2 ~ 3h 内死亡。

b. 解毒办法：急救方法是灌服凉水，使瘤胃液温度下降，从而抑制尿素的溶解，使氨的浓度下降。也可灌服 5% 的醋酸溶液或一定量食醋，中和胃液的 pH 值。还可以灌服酸奶，再喂糖浆或糖溶液，效果更好。也可静脉注射 10% ~ 25% 的葡萄糖，每次 100 ~ 200mL。

## 2. 氨基酸

氨基酸饲料主要用作羊的添加剂。目前调整氨基酸比例的方法主要是靠氨基酸饲料。植物性饲料中缺乏蛋氨酸与赖氨酸，而动物性饲料中含量较多，因此当羊在冬、春季节严重缺乏氨基酸时，增补一些动物性饲料是必要的。

## 3. 颗粒饲料

颗粒饲料是把粗饲料、精饲料、加工副产品等粉碎后，再加上必要的无机盐，如食盐、骨粉、微量元素、维生素等，用颗粒饲料机压制而成的饲料。

（1）颗粒饲料的优点　羊只可将适口性差的饲料混合起来一起吃

掉，减少了饲料的浪费；所含营养成分全面平衡；饲喂方便，节省劳力；节省贮藏饲料的场所和占地面积，其占地面积仅为散装粗饲料占地面积的1/5 ~ 1/3；便于运输。

（2）颗粒饲料的缺点　加工费用高，要购买颗粒饲料机。目前，我国已生产出多种型号的颗粒饲料机供养羊户选用。

### 4. 磷酸脲

磷酸脲是一种新型、安全、有效的非蛋白氮饲料添加剂，可为羊等反刍家畜补充氮、磷，可在瘤胃中合成微生物蛋白质。磷酸脲在瘤胃内的水解速度显著低于尿素，能促进羊的生理代谢及其对氮、钙、磷的吸收利用。据报道，平均体重为14.5kg的育成羊，每只每日添加10g磷酸脲，日增重平均可提高26.7%。

## 第三节　育肥羊的营养

羊的营养就是维持羊的生命、生长、繁殖、泌乳、产毛、育肥等所需要的物质，包括蛋白质、糖类、脂肪、矿物质、维生素和水等。这六种营养物质除了一部分水外，都是从饲料中获得的。在生产中，合理供给羊所需要的营养物质，才能有效地利用饲料，保证羊的身体健康，生产出大量的优质羊产品。

由于羊的生产用途、年龄、生长发育阶段等的不同，所需要营养物质的数量和质量也是不同的。草虽然是羊的主要饲料，但绵羊和山羊所需要的饲草种类不同，质量也不同。同时，羊还需要其他精饲料、矿物质、微量元素等。

通过科学试验，已经研究出不同年龄、体重的绵羊和山羊为了维持其正常生命活动所需要的蛋白质、糖类以及矿物质的需要量。除了维持饲养外，还要根据其他营养需要制定出合理的饲养标准。根据饲养标准，喂给绵羊、山羊质量合乎标准、数量合乎要求的饲草、饲料，以做到营养完善，保证羊的正常生长发育和生产性能的稳定。

# 一、羊的营养需要

## 1. 维持需要

维持需要是指羊在休闲安静状态下，维持生命正常的消化、呼吸、循环，以及维持体温等生命活动所需要的营养总和。维持需要就是维持最低的消耗和需要，只有在满足维持需要之后，多余的部分才能用来繁殖和生产产品。

（1）蛋白质的需要　蛋白质是很重要的营养物质，是机体组织增长，修补，更新，产生酶、抗体及维持生命活动的基础结构物质，如果缺乏就会导致疾病。羊一般不会缺少蛋白质，在瘤胃中微生物的作用下，其自己可以制造蛋白质。科学研究表明，羊日粮中蛋白质的含量以13% ～ 15%为宜。如果是50kg体重的毛肉兼用成年母羊，每天约需要可消化粗蛋白70g。

（2）能量的需要　糖类是主要的能源物质，由粗纤维和无氮浸出物（淀粉和糖）组成。糖类过多，就会合成脂肪蓄积在体内（皮下、肠系膜、大网膜），羊就长得肥胖。羊日粮中粗纤维的最适宜含量为20%。能量用来维持机体内外正常活动和体温的稳定等。羊需要的能量与羊的活动程度有密切关系，舍饲的羊消耗热能往往比放牧游走的羊少消耗50% ～ 100%。维持需要的能量一般占总需要量的70%左右。

（3）矿物质的需要　饲料经过充分燃烧后的剩余部分叫无机盐，也叫粗灰分，是构成骨骼、牙齿的主要成分。此外，肌肉、皮肤、血液、消化液、激素等也都含有一定量的无机盐，并参与代谢过程。矿物质是为了补偿代谢过程中的损耗，保证血浆和体组织中的矿物质成分不变。羊对钙、磷和食盐的需求量相应较大，体重50kg的羊日需要钙5 ～ 6g、磷3 ～ 3.5g、食盐46g。严重缺乏时，骨骼就会松软变形，引起瘫痪，甚至死亡。

（4）脂肪的需要　脂肪是羊体组织的重要组成部分，各个器官、组织，如神经、肌肉、皮肤、血液等都含有脂肪，脂肪也是羊产品的组成部分。进入羊体多余的营养，即转化为脂肪蓄积于体内，形成皮下脂肪等脂肪组织。

当羊体所摄取的营养不足时，体内蓄积的脂肪即被动用，转化为热能。羊日粮中一般不会缺乏脂肪。

（5）维生素的需要　维生素是一类饲料中含量甚微、种类繁多的营养要素，是调节各种代谢过程必不可少的营养物质。缺乏时会出现代谢性疾病（如佝偻病等），影响羔羊的生长发育。在羊的饲养过程中同样有维生素的消耗，这就需要从日粮中补充，特别是维生素 A 和维生素 D 的补充。

① 维生素 A。维生素 A 可防止表皮和黏膜组织角化。缺乏时，会破坏新陈代谢，使羔羊生长停滞、视力减弱、对各种传染病的抵抗能力降低。维生素 A 广泛存在于乳、鱼肝油、胡萝卜等物质中，多余时可贮存在肝脏中。体重 50kg 的羊日需要 4400IU 的维生素 A 或者是胡萝卜素 10mg。

② 维生素 D。维生素 D 有利于骨骼的发育。缺乏时，会导致羔羊产生佝偻病，表现骨骼弯曲和脆弱；成年羊则出现软骨症，影响无机盐的吸收和沉积，常常表现出神经活动障碍。干草中含有较丰富的维生素 D。体重 50kg 的羊日需要 600IU 的维生素 D。

③ 维生素 E。维生素 E 也叫生育酚，可以促进羊的繁殖机能，增强其生活力。缺乏时，会造成山羊不妊娠、流产或丧失生殖能力、胎儿发育受阻和死亡。谷粒和青饲料中都含有维生素 E，小麦、稻米、玉米中也含有较丰富的维生素 E。在配种与妊娠期内，要供给富含维生素 E 的饲料。舍饲期间，要补给一定的青饲料。对于放牧饲养的羊群，只通过放牧就能满足其对维生素 E 的需要。

④ 维生素 K。维生素 K 缺乏时，会使血液凝固作用遭到破坏，并引起内脏出血和粪、尿带血等症状。青草中，特别是苜蓿、针叶树的枝叶，都富含维生素 K。

⑤ B 族维生素。维生素 $B_1$ 可用来预防神经系统和消化器官的各种病症，在米糠、麸皮、豆类等饲料中含量比较多。维生素 $B_2$ 可促进动物组织的发育，青草、优质干草、根菜、禾本科籽实以及麸皮中含较多的维生素 $B_2$。

⑥ 维生素 C。维生素 C 可以保护组织和增强抵抗力，预防坏血症，促进新陈代谢。青草和块根中都含有丰富的维生素 C。

（6）水的需要　水是羊体的重要组成成分，是各种营养物质的溶剂。各种营养物质的消化、吸收、运送、排泄以及羊体内各种生理生化过程，均需有水参与。缺乏水分，会使羊丧失食欲，影响体内代谢过程，降低增重和饲草、饲料的利用率。羊如失去体内水分的 20% 就会危及生命，故每天都要供给羊适量、清洁的饮水。

### 2. 繁殖需要

在配种期的繁殖行为会使公羊、母羊的活动量增加，代谢增强，营养物质的需要也会相应增加。根据种公羊的生产性能特点，可分为非配种期饲养和配种期饲养。

非配种期的种公羊，在冬季除了放牧外，每日可补充混合精饲料 500g、干草 3.0kg、胡萝卜 0.5kg、食盐 5 ~ 10g。夏、秋季节以放牧为主，每日可另外补充混合精饲料 500g。

配种期种公羊的饲养，包括配种准备期（指配种前 1 ~ 1.5 月）、配种期和配种复壮期（约 1 ~ 1.5 月）的饲养。配种准备期的种公羊，应增加精饲料饲喂量，可按配种期喂给量的 60% ~ 70% 起开始增加，逐渐过渡到配种期的喂给量。饲喂配种期种公羊，精饲料每日不宜超过 1kg。为了保证所需要的蛋白质以及维生素，可每日喂给血粉或鱼粉 5g、胡萝卜 1.0kg。精饲料分 2 ~ 3 次喂给，日饮水 3 ~ 4 次，每日喂食盐 10g，并补充足量青草。配种期种公羊应加强运动，在每次配种前运动 30 ~ 40min，以保证种公羊能产生品质优良的精液。饲料种类应多样化。实践证明，用黄米以及小米喂种公羊对于形成精液和提高精液品质有促进作用，可酌量喂给，一般占精饲料的 50% 以下，不宜多喂。配种复壮期，一般精饲料喂给量不减少，可逐步减少运动，增加放牧时间，经过一段时间后，再适量减少精饲料，逐渐过渡到非配种期的饲养。

母羊妊娠期间代谢活动增强 15% ~ 30%，营养需要也相应增加。因为妊娠胎儿发育和母体贮备营养准备泌乳，期间母羊增重 8 ~ 15kg，纯蛋白质增加 1.8 ~ 2.4kg，其中的 80% 是在妊娠后期增加的。所以，在妊娠后期应增加 30% ~ 40% 的能量和 40% ~ 50% 的蛋白质。例如，体重 50kg 的母羊在妊娠后期日需消化能 4.5Mcal（1cal=4.1840J）、可消化蛋白质 115g、钙 8.8g、磷 4.0g 以及相应的维生素 A 和维生素 D，胡萝卜素每日不少于 18mg。

### 3. 生长需要

羊从出生到 1.5 ~ 2.0 岁初配以前，是生长发育时期。羔羊哺乳期生长迅速，一般日增重可达 200 ~ 300g，要求饲料和蛋白质的数量足、质量好。

整个生长发育阶段，如果营养不足，就会影响体型和体重，延长发育时间。只有在营养丰富的情况下，羊体各部分和组织的生长才能体现出其遗传特性。但羊各个组织和器官之间的生长强度是不一样的，一般是先长骨架，次长肌肉，最后长脂肪。先长头、肢、皮肤，后长躯干部位的胸腔、骨盆和腰部，使体格粗壮。所以，应充分利用幼龄羊生长快和饲料报酬高的特点，喂好幼龄羊，使其直接产肉或为成年羊产肉、产乳、产毛和繁殖打好基础。羊生长发育阶段，每增重 100g，需消化能 1.5 ~ 1.8Mcal，可消化蛋白质 40 ~ 50g。哺乳期日需钙 4.3g、磷 3.2g；育成期日需钙 5 ~ 6.6g、磷 3.2 ~ 3.6g。

### 4. 泌乳需要

羔羊出生后，主要依靠母乳提供营养物质。只有给泌乳期的母羊提供充足的营养，才能保证有足量的乳汁，促进羔羊正常发育。羔羊的日增重随着品种、健康状况、产羔数不同而有所差异，一般日增重 100 ~ 250g 不等。但每增重 100g 约需要母乳 500g。母羊的泌乳期营养需要应依照其哺乳的羔羊数而有所不同。

一般来说，饲料中的蛋白质含量应比乳汁中的蛋白质含量最高高出 1.6 倍左右，当饲料中蛋白质含量不足时，将直接影响羊的泌乳量。乳汁中的乳脂是借助于饲料中的脂肪、蛋白质、糖类而形成的，故饲料中必须有足够的脂肪，否则就需要价格昂贵的蛋白质来形成乳脂，这是极不经济的。乳汁中的矿物质以钙、磷、钾、镁、铁、氯为主，饲料中也应含有相应的矿物质，而且其含量应为乳汁中含量的 2 倍，才能形成含足量矿物质的乳汁。喂食盐量应占喂给干物质量的 0.18%。饲料中还必须含有足量的维生素 A 和维生素 D，维生素 D 不足时，往往会影响羔羊的生长发育，尤其是影响羔羊体内钙、磷的沉积，钙、磷不足或钙磷比例严重失调将会形成软骨症。

### 5. 育肥需要

育肥就是增加羊体的肌肉和脂肪，并改善羊肉品质。所增加的肌肉主要由蛋白质构成，增加的脂肪主要贮存在皮下、肠系膜、大网膜以及肌间组织。育肥时所提供的营养物质，必须超过维持需要的量，这样才能积蓄肌肉和脂肪。育肥羔羊包括生长和育肥两个过程，所以营养充分时增重快、育肥效果好。同样是体重40kg的羊，育肥幼龄羊日需纯蛋白质100～120g，消化能4.5～5.0Mcal；而育成羊日需纯蛋白质75～100g，消化能4.5～5.2Mcal。

### 6. 产毛需要

羊毛几乎都是由蛋白质构成的，每产1kg羊毛需要8kg植物蛋白质。研究表明，在细毛羊、半细毛羊的日粮中，粗蛋白质含量达到15%时才能满足产毛需要。而国外的试验研究也认为，每千克可消化有机物中，含可消化蛋白质18g时，才能满足产毛需要，并应特别注意含硫氨基酸的供给。有报道说，日补硫酸盐2～10g，可提高产毛量17%。足够的热量供给，对产毛也是十分必要的，产毛对热能的需要约占维持需要的10%。

## 二、育肥羊的饲养标准

对体重20～50kg的绵羊育肥，如果在舍饲的情况下，育肥羊日粮中饲料量和消化能、粗蛋白、钙、磷、食盐等具体饲养标准及对于硫、维生素A、维生素D、维生素E、微量矿物质元素的需要量见下列表（表4-4、表4-5）。

表4-4　育肥绵羊每日营养需要量饲养标准

| 体重 /kg | 日增重 / （kg/d） | 干物质采食量 / （kg/d） | 消化能 / （MJ/d） | 代谢能 / （MJ/d） | 粗蛋白质 / （g/d） | 钙 / （g/d） | 磷 / （g/d） | 食盐 / （g/d） |
|---|---|---|---|---|---|---|---|---|
| 20 | 0.10 | 0.8 | 9.00 | 8.40 | 111 | 1.9 | 1.8 | 7.6 |
| 20 | 0.20 | 0.9 | 11.30 | 9.30 | 158 | 2.8 | 2.4 | 7.6 |

| 体重/kg | 日增重/（kg/d） | 干物质采食量/（kg/d） | 消化能/（MJ/d） | 代谢能/（MJ/d） | 粗蛋白质/（g/d） | 钙/（g/d） | 磷/（g/d） | 食盐/（g/d） |
|---|---|---|---|---|---|---|---|---|
| 20 | 0.30 | 1.0 | 13.60 | 11.20 | 183 | 3.8 | 3.1 | 7.6 |
| 20 | 0.45 | 1.0 | 15.01 | 11.82 | 210 | 4.6 | 3.7 | 7.6 |
| 25 | 0.10 | 0.9 | 10.50 | 8.60 | 121 | 2.2 | 2.0 | 7.6 |
| 25 | 0.20 | 1.0 | 13.20 | 10.80 | 168 | 3.2 | 2.7 | 7.6 |
| 25 | 0.30 | 1.1 | 15.80 | 13.00 | 191 | 4.3 | 3.4 | 7.6 |
| 25 | 0.45 | 1.1 | 17.45 | 14.35 | 218 | 5.4 | 4.2 | 7.6 |
| 30 | 0.10 | 1.0 | 12.00 | 9.80 | 132 | 2.5 | 2.2 | 8.6 |
| 30 | 0.20 | 1.1 | 15.00 | 12.30 | 178 | 3.6 | 3.0 | 8.6 |
| 30 | 0.30 | 1.2 | 18.10 | 14.80 | 200 | 4.8 | 3.8 | 8.6 |
| 30 | 0.45 | 1.2 | 19.95 | 16.34 | 351 | 6.0 | 4.6 | 8.6 |
| 35 | 0.10 | 1.2 | 13.40 | 11.10 | 141 | 2.8 | 2.5 | 8.6 |
| 35 | 0.20 | 1.3 | 16.90 | 13.08 | 187 | 4.0 | 3.3 | 8.6 |
| 35 | 0.30 | 1.3 | 18.20 | 16.00 | 207 | 5.2 | 4.1 | 8.6 |
| 35 | 0.45 | 1.3 | 20.19 | 18.26 | 233 | 6.4 | 5.0 | 8.6 |
| 40 | 0.10 | 1.3 | 14.90 | 12.20 | 143 | 3.1 | 2.7 | 9.6 |
| 40 | 0.20 | 1.3 | 18.80 | 15.30 | 183 | 4.4 | 3.6 | 9.6 |
| 40 | 0.30 | 1.4 | 22.60 | 18.40 | 204 | 5.7 | 4.5 | 9.6 |
| 40 | 0.45 | 1.4 | 24.99 | 20.30 | 227 | 7.0 | 5.4 | 9.6 |
| 45 | 0.10 | 1.4 | 16.40 | 13.40 | 152 | 3.4 | 2.9 | 9.6 |
| 45 | 0.20 | 1.4 | 20.60 | 16.80 | 192 | 4.8 | 3.9 | 9.6 |
| 45 | 0.30 | 1.5 | 24.80 | 20.30 | 210 | 6.2 | 4.9 | 9.6 |
| 45 | 0.45 | 1.5 | 27.38 | 22.39 | 233 | 7.4 | 6.0 | 9.6 |
| 50 | 0.10 | 1.5 | 17.90 | 14.60 | 159 | 3.7 | 3.2 | 11.0 |
| 50 | 0.20 | 1.6 | 22.50 | 18.30 | 198 | 5.2 | 4.2 | 11.0 |
| 50 | 0.30 | 1.6 | 27.20 | 22.10 | 215 | 6.7 | 5.2 | 11.0 |
| 50 | 0.45 | 1.6 | 30.03 | 24.38 | 237 | 8.5 | 6.5 | 11.0 |

注：参考《肉羊饲养标准》NY/T 816—2004。

表 4-5 育肥绵羊对日粮中硫、维生素、微量矿物质元素的需要量（以干物质为基础）

| 体重 /kg | 硫 /（g/d） | 维生素 A/（IU/d） | 维生素 D/（IU/d） | 维生素 E/（IU/d） | 钴 /（mg/kg） |
|---|---|---|---|---|---|
| 20 ~ 50 | 2.8 ~ 3.5 | 940 ~ 2350 | 111 ~ 278 | 12 ~ 23 | 0.2 ~ 0.35 |

| 铜 /（mg/kg） | 碘 /（mg/kg） | 铁 /（mg/kg） | 锰 /（mg/kg） | 硒 /（mg/kg） | 锌 /（mg/kg） |
|---|---|---|---|---|---|
| 11 ~ 19 | 0.94 ~ 1.7 | 47 ~ 38 | 23 ~ 41 | 0.18 ~ 0.31 | 28 ~ 52 |

注：参考《肉羊饲养标准》NY/T 816—2004。

体重 15 ~ 30kg 育肥山羊每日的消化能、代谢能、粗蛋白质、钙、总磷、食盐及微量矿物质元素营养需要量见下表（表 4-6、表 4-7）。

表 4-6 育肥山羊每日营养需要量饲养标准

| 体重 /kg | 日增重 /（kg/d） | 干物质采食量 /（kg/d） | 消化能 /（MJ/d） | 代谢能 /（MJ/d） | 粗蛋白质 /（g/d） | 钙 /（g/d） | 总磷 /（g/d） | 食盐 /（g/d） |
|---|---|---|---|---|---|---|---|---|
| 15 | 0.00 | 0.51 | 5.36 | 4.40 | 43 | 1.0 | 0.7 | 2.6 |
| 15 | 0.05 | 0.56 | 5.83 | 4.78 | 54 | 2.8 | 1.9 | 2.8 |
| 15 | 0.10 | 0.61 | 6.29 | 5.15 | 64 | 4.6 | 3.0 | 3.1 |
| 15 | 0.15 | 0.66 | 6.75 | 5.54 | 74 | 6.4 | 4.2 | 3.3 |
| 15 | 0.20 | 0.71 | 7.21 | 5.91 | 84 | 8.1 | 5.4 | 3.6 |
| 20 | 0.00 | 0.56 | 6.44 | 5.28 | 47 | 1.3 | 0.9 | 2.8 |
| 20 | 0.05 | 0.61 | 6.91 | 5.66 | 57 | 3.1 | 2.1 | 3.1 |
| 20 | 0.10 | 0.66 | 7.37 | 6.04 | 67 | 4.9 | 3.3 | 3.3 |
| 20 | 0.15 | 0.71 | 7.83 | 6.42 | 77 | 6.7 | 4.5 | 3.6 |
| 20 | 0.20 | 0.76 | 8.29 | 6.80 | 87 | 8.5 | 5.6 | 3.8 |
| 25 | 0.00 | 0.61 | 7.46 | 6.12 | 50 | 1.7 | 1.1 | 3.0 |
| 25 | 0.05 | 0.66 | 6.49 | 6.49 | 60 | 3.5 | 2.3 | 3.3 |
| 25 | 0.10 | 0.71 | 8.38 | 6.87 | 70 | 5.2 | 3.5 | 3.5 |
| 25 | 0.15 | 0.76 | 8.84 | 7.25 | 81 | 7.0 | 4.7 | 3.8 |
| 25 | 0.20 | 0.81 | 9.31 | 7.63 | 91 | 8.8 | 5.9 | 4.0 |
| 30 | 0.00 | 0.65 | 8.42 | 6.90 | 53 | 2.0 | 1.3 | 3.3 |

| 体重 /<br>kg | 日增重 /<br>（kg/d） | 干物质采食<br>量 /（kg/d） | 消化能 /<br>（MJ/d） | 代谢能 /<br>（MJ/d） | 粗蛋白质<br>/（g/d） | 钙 /<br>（g/d） | 总磷 /<br>（g/d） | 食盐 /<br>（g/d） |
|---|---|---|---|---|---|---|---|---|
| 30 | 0.05 | 0.70 | 8.88 | 7.28 | 63 | 3.8 | 2.5 | 3.5 |
| 30 | 0.10 | 0.75 | 9.35 | 7.66 | 74 | 5.6 | 3.7 | 3.8 |
| 30 | 0.15 | 0.80 | 9.81 | 8.04 | 84 | 7.4 | 4.9 | 4.0 |
| 30 | 0.20 | 0.85 | 10.27 | 8.42 | 94 | 9.1 | 6.1 | 4.2 |

注：参考《肉羊饲养标准》NY/T 816—2004。

表 4-7　育肥山羊对日粮中微量矿物质元素的需要量（以干物质为基础）

| 微量元素 | 推荐量 /（mg/kg） |
|---|---|
| 铁 | 30 ~ 40 |
| 铜 | 10 ~ 20 |
| 钴 | 0.11 ~ 0.20 |
| 碘 | 0.15 ~ 2.00 |
| 锰 | 60 ~ 120 |
| 锌 | 50 ~ 80 |
| 硒 | 0.05 |

注：参考《肉羊饲养标准》NY/T 816—2004。

# 第四节　育肥羊的日粮配合原则

日粮是羊一昼夜采食的饲料及饲草的数量，日粮配合就是根据羊的饲养标准和饲料的营养成分，选择几种饲料相互搭配，使得日粮能够满足羊的营养需要。配合时要注意以下原则。

## 1. 以饲养标准为依据

根据羊的体重、用途、生产性能、年龄等来选择相应的饲养标准和饲料营养成分。但饲养标准又是在一定条件下制定的，因此应考虑各地自然条件和羊只的具体情况，做相应的调整。使用饲养标准时，应注意以下原则：

（1）选择适当的饲养标准　针对羊的不同品种和不同生理阶段选择适当的饲养标准，可以参照美国国家科学研究委员会（NRC）标准、法国动物营养平衡委员会（AEC）标准等或国内饲养标准，并结合本地具体实际做适当调整。

（2）考虑营养指标　要参照羊饲养标准中规定的各个营养指标，且指标中至少要考虑干物质采食量、代谢能、粗蛋白质、钙、磷、食盐、微量元素（铁、铜、锰、锌、硒、碘、钴等）和维生素（维生素 A、维生素 D、维生素 E）等指标。

（3）确定适宜的营养水平　要根据羊的不同阶段生理特点及营养需要进行科学搭配，在不同生理阶段对营养需求不同，要分别给予适宜的营养。

## 2. 合理搭配饲料

根据羊的消化生理特点，应先以青饲料为主，注意优质干草、青贮饲料的搭配，用精饲料补充青、粗饲料的不足。各种饲料搭配应以青、粗饲料为基础，青、粗饲料占 50% ～ 60%，精饲料占 40% ～ 50%。精饲料补充料中，籽实类饲料占 77% ～ 83%、蛋白质饲料为 15% ～ 20%、矿物质饲料为 2% ～ 3%。日粮体积要适当，既保证羊能够全部吃下，又能满足营养需要。

为了提高育肥效益，还要考虑到成本问题，应充分利用天然牧草、秸秆、树叶、农副产品及各种下脚料，扩大饲料来源，减少成本。粗饲料是羊必不可少的饲料，对于促进胃肠蠕动和增强消化能力有重要作用，同时还是冬、春季的主要饲料。新鲜牧草、饲料作物以及由这些原料调制而成的干草和青贮饲料都要求适口性好、营养价值高，可以直接饲喂给羊。劣质的粗饲料，如秸秆、秕壳、荚壳等，由于其适口性差、可消化性低、营养价值又不高，直接喂给羊常常难以达到应有的效果，可以和其他优质粗饲料搭配饲喂。

### 3. 选择适宜的饲料原料

饲料原料尽量选择适口性好、来源广、营养丰富、价格便宜、质量可靠、可大量使用的粗饲料，尤其是农作物的秸秆，还有品质优良的苜蓿干草、豆科和禾本科的青刈干草、玉米青贮等，这样可以降低精饲料的喂给量。充分利用优质植物性蛋白饲料资源，如植物油籽和豆类籽实，可经过膨化处理或热处理、甲醛处理等。对羊肉品质有影响的饲料，如菜籽粕、糟渣类等应尽量少喂给。

### 4. 正确使用饲料添加剂

饲料添加剂具有促进生长、提高饲料转化率、提高免疫力等功效。添加剂要选择安全、有效、低毒、无残留、合法及经国家允许正规厂家生产的。可以利用新型饲料添加剂，如酶制剂、瘤胃代谢调控剂、草药添加剂、微生态制剂等。另外，在使用添加剂时，要注意营养性添加剂的特性，如添加氨基酸、脂肪、淀粉时，要注意免受瘤胃微生物的破坏。

# 第五章

# 肉羊 60 天育肥出栏增效措施

肉羊 60d 育肥出栏就是指对断奶至 6 月龄的羔羊进行强度育肥，经过 60d 左右的短期舍饲育肥使其达到 40kg 左右体重的一项育肥技术。其育肥的主要特点是：精饲料比例逐渐增大，强度高，育肥增重快，经济效益好，周期短，资金周转快，可规模化、集约化、工厂化、全年均衡生产，适合在粗饲料条件好、气候适宜的广大农区和半牧区采用。

## 第一节　肉羊生长发育规律

## 一、体重增重的特点

### 1. 体重增重的一般规律

在母羊妊娠期间，2 月龄以前胎儿生长速度缓慢，妊娠 2 个月之后生长速度逐渐加快，临近分娩时，发育的速度最快。胎儿身体各个部位在生长的各个时期生长强度也是不同的。一般先是头部生长迅速，以后四肢生长加快，占整体体重的比例不断增加。维持生命的重要器官，如头部、四肢等发育较早，而肌肉、脂肪等组织发育较晚。从出生到 4 月龄断奶的羔羊，生长发育迅速，所需要的营养物质较多，特别是优质的蛋白质。羔羊在出生后的 1 个月内，生长速度加快，母乳充足、营养好时，2 周龄体重可增加 1 倍，肉羊品种的羔羊日增重在 300g 以上。因此，应根据羔羊的生长发育特点，在生长发育迅速的阶段给予良好的饲养管理，才能获得最大的增重效果。

一般根据初生重、断奶重、屠宰活重、平均日增重等指标来反映羊的生长发育情况。测量上述指标时，应把时间定在早晨饲喂前空腹时称量，以连续 2d 测量的平均值来表示。增重受遗传和饲养两个方面的因素影响较大。

### 2. 营养水平与补偿生长

营养水平影响肉羊的生长发育速度，营养水平低时不能发挥优良品种的遗传潜力，限制肉羊身体各个部位的生长发育。在肉羊生产中，常见因某个阶段营养水平低不能满足生长发育需要而影响其增重，进而影响经济效益。当营养水平达到生长发育需要时，生长速度比营养水平低时要快，经过一段时间后，能够恢复到正常体重，这种现象称为补偿生长。因而，在生产中，可以灵活运用补偿生长的特性，进行短期优饲，提高经济效益。如果在生长的关键阶段（断奶前后）生长发育受阻，则在以后很难补偿。因此，要重视羔羊的培育，加强羔羊的饲养管理，以免造成不可弥补的损失。

### 3. 不同品种类型的体重增长

肉羊的品种可分为大型、中型和小型品种。在同样的饲养条件下，小型品种出栏快；大型品种先要长骨骼，当骨骼发育起来后才长肌肉和脂肪组织。不同类型的肉羊育肥有以下共同特点：当体重相同时，增重快的羊饲料利用率高；当饲喂到相同胴体等级时，小型和大型品种的饲料利用率相近。

## 二、体组织生长特点

在生长期，骨骼、肌肉和脂肪在体内变化较大。骨骼是个体发育最早的部分，刚出生的羔羊四肢骨的相对长度比成年羊高。出生后，骨骼生长发育比较稳定，只是长度和宽度的增长；头骨发育较早，肋骨发育相对较晚。

肌肉的生长主要是肌纤维体积的增大，肌纤维呈束状，肌纤维增大使得肌纤维束相应增大，随着年龄的增长，肉质的纹理变粗。因此，青年羊和羔羊的肉质比老年羊的柔嫩。出生羔羊肌肉的生长速度比骨骼的快，体重不断增长，肌肉、骨骼重量相差较大。肌肉的生长强度与不同部位的功能有关，羔羊出生后要行走，故腿部肌肉的生长强度要大于其他部位肌肉的生长强度。

脂肪的沉积与年龄有关，年龄越大则脂肪的沉积率越高。从出生到12

月龄时，脂肪的生长较慢；12月龄以后脂肪的生长速度开始变快。脂肪的生长顺序是：育肥初期网油和板油增长较快；以后皮下脂肪增长较快；最后沉积到肌纤维间，使得肌肉变嫩。

## 三、体组织化学成分的特点

羊体组织的常规化学成分主要有水分、蛋白质、脂肪等物质。羊肉蛋白质含量与羊的肥瘦程度有关，较肥的羊，脂肪含量高，蛋白质含量较低，含水量也较少；而瘦羊则相反。随着年龄的增长，体组织含水量下降，脂肪和蛋白质含量增加。幼龄羊体组织水分比例很大，脂肪比例较小，随着体重的增大，水分比例逐渐下降，脂肪的比例逐渐增加，蛋白质呈缓慢下降趋势。公羊与羯羊相比，公羊体内的脂肪含量要比羯羊低，但水分和蛋白质含量要比羯羊高。

# 第二节　肉羊的育肥方式和类型

根据饲养方式、圈棚形式、生理阶段、育肥强度、羔羊产地和育肥规模等，肉羊的育肥类型有不同的分类，下面分别加以介绍。

## 一、按照饲养方式分类

按饲养方式的不同，可分为以下类型。

### 1. 放牧育肥

放牧育肥是用天然草场、人工草场等进行放牧，当羊体重达到上市标准后再进行屠宰的一种育肥方式。放牧育肥可以使羊采食到多种青绿饲料，获得较为全价的营养，有利于羊的生长发育和健康。一般经过夏季抓"水膘"和秋季抓"油膘"两个阶段，实际就是由显著的肌肉生长转变为优势的脂肪沉积过程。其特点是生产成本低、经济效益好，但育肥时间较长，适合在牧区采用。

### 2. 舍饲育肥

舍饲育肥就是利用农作物秸秆、农副产品、精饲料等资源，对羔羊、老羊、瘦羊、淘汰羊或从牧区转移过来的羔羊、架子羊、淘汰羊等进行舍饲育肥。其特点是利用了农作物秸秆及农副产品，缩短了育肥周期，便于集中管理，适合于饲草、饲料丰富的农区。在相同月龄屠宰的羔羊，舍饲育肥比放牧育肥羊的活重高 10% 左右，胴体重高 20% 左右，效果好于放牧育肥。舍饲育肥的投入较高，但可以根据市场需求大规模、集约化、工厂化生产肉羊，使圈舍、设备和劳动力得到充分利用，提高了劳动效率，进而可降低成本，获得较好的经济效益。

### 3. 混合育肥

混合育肥就是指放牧加补饲的一种育肥方式。一般是羊放牧回来后再补充精饲料，使之在短时间内上膘增重以达到育肥的目的。其特点是充分发挥了放牧的优势，减少了成本，利用精饲料在放牧时不能得到满足的状况，二者结合，可提高育肥的经济效益，适合在牧区或半牧区采用。

## 二、按照圈棚形式分类

按圈舍、棚舍的形式分类，可有以下类型。

### 1. 露天敞圈育肥

露天敞圈育肥就是将育肥羊饲养在有围栏和饲槽，但没有棚舍的环境下。其特点是费用少、成本低，但在寒冷地区和季节育肥增重比较缓慢，无法应对雨雪天气，适合在温暖地区和季节采用。

### 2. 圈棚育肥

圈棚育肥是指在三面有围墙，一面敞开的羊棚中进行育肥。这种圈舍育肥适合于在气候比较温暖的农区、半农区使用，效果要好于露天敞圈育肥。

### 3. 暖棚育肥

暖棚育肥是指在有保暖材料（如塑料薄膜等）作为顶棚的圈舍中进行育肥。这种类型的育肥效果要好于露天敞圈育肥和圈棚育肥，特别是在寒冷地区和季节，其育肥效果更好、更明显。

### 4. 圈舍育肥

圈舍育肥是为了保暖等而进行的育肥方式。在南方地区因气候潮湿，为了防止寄生虫病及腐蹄病的发生而采用吊楼进行育肥；在北方地区为了避免寒冷和保温而加盖圈舍。这样的圈舍既可以单独育肥，也可以饲养繁殖母羊。

## 三、按照生理阶段分类

按不同的生理阶段或年龄，可分为以下几种类型的育肥方式。按年龄分，可分为羔羊育肥和成年羊育肥。

### 1. 羔羊育肥

羔羊育肥是指利用周岁前羔羊生长速度快、饲料报酬高等特点而进行的育肥。羔羊育肥又可分为哺乳羔羊育肥、早期断奶羔羊强度育肥、断奶后羔羊育肥。

（1）哺乳羔羊育肥　利用营养价值高的母乳，对哺乳羔羊进行育肥，获得优质的肥羔羊肉及其产品。这种育肥方式用于哺乳期生长较快的品种。

（2）早期断奶羔羊强度育肥　这种类型多指羔羊经过 45 ～ 60d 的哺乳，断奶后便留在圈舍内进行短期补饲强度育肥，达到上市标准后进行屠宰的育肥方式。这种育肥方式充分利用了羔羊早期生长速度快的特点，可提高育肥效果，加快羊群周转。

（3）断奶后羔羊育肥　是指对不留作种用的公、母羊在断奶后进行舍饲育肥、草场上放牧育肥或放牧后进行短期集中育肥。一般在 5 ～ 6 月龄体重达到 40 ～ 50kg 时进行屠宰，这种类型在国内比较多。

## 2. 成年羊育肥

成年羊育肥是指对周岁以上的羊进行育肥，包括对淘汰的老羊、长期不孕的羊、失去繁殖能力的羊或者是长期营养不良消瘦的羊进行育肥，使其在短期内增重上膘，以期望获得较高的产肉量。这种类型的育肥效果较差。

# 四、按照育肥强度分类

按育肥强度的强弱分，可以有以下两种类型。

## 1. 短期强度育肥

短期强度育肥是指对断奶羔羊或周岁内的羔羊经过短期给予高强度的精饲料进行育肥，使其在短时间内增重，达到标准，再进行屠宰上市。这种类型育肥的主要特点是：利用了羔羊生长速度快、饲料转化率高的优点，通过短期集中强度饲养，来获得较好的经济效益（见图 5-1）。

## 2. 普通常规育肥

普通常规育肥相对于短期强度育肥而言，是指不给予高强度的精饲料，与其他类型的羊一样饲养，不考虑饲养周期，直到体重达到上市标准或者价格较好时再出售或屠宰（见图 5-2）。

# 五、按照羔羊产地分类

按羔羊产地的不同，这种育肥可分为以下两种类型。

## 1. 自繁自养羔羊育肥

自繁自养羔羊育肥是指利用自己饲养的母羊繁殖的羔羊进行育肥。这种育肥减少了运输费用，降低了应激反应，既适合于牧区，又适合于农区。

图 5-1　短期强度育肥的羊群　　　　图 5-2　舍饲普通常规育肥的羊群

### 2. 异地育肥

异地育肥是指将牧区或者半牧区的断奶羔羊、架子羊转移到农区，利用农区农作物秸秆及农副产品进行育肥。这种育肥既可以减少草场压力，又可以使农区的秸秆得到充分合理的利用。这种养羊方式也叫作"牧繁农育"。异地育肥在农区较常见。

## 六、按照育肥规模分类

按育肥规模的大小，可分为以下几种类型。

### 1. 集约化育肥

集约化育肥是肉羊生产的发展趋势，其特点是饲养规模大、饲养水平高、经营方式灵活、机械化程度高，适合进行工厂化全进全出管理。

### 2. 专业户育肥

专业户育肥的规模一般在 100 ～ 500 只，是利用农副产品和秸秆，再补充精饲料进行育肥。这种育肥方式多分布于有传统养羊习惯和屠宰习惯的一些集中的村子或地区。

### 3. 农户育肥

农户育肥是指利用家庭剩余劳动力，进行小规模的育肥。规模一般在30～50只。特点是圈舍简陋、生产成本低、效益较好。农户育肥是广大农区经常采用的一种育肥模式。

## 第三节 育肥羊的组织和准备

育肥羊的来源分为自繁自养和异地购入两种，本节主要讲述异地购入断奶羔羊的选购、调运等组织和准备工作。

# 一、育肥前的准备

### 1. 确定育肥羊的品种

育肥羊的品种应具备以下特点：早熟、体重大、生长速度快、繁殖率高、肉用性能好、抗病性强。这样的羊品种有波尔山羊、萨福克羊、无角陶赛特羊、杜泊羊、德克赛尔羊、夏洛莱羊等世界著名的肉羊品种。但我国大多数的肉羊品种都是地方品种，因此应大力提倡和推广利用国外肉羊品种与国内地方品种杂交生产羊肉。结合当地自然条件、地方品种特点、饲养管理方式、饲草资源等具体情况，有针对性地进行肉羊经济杂交组合，充分利用当地现有品种资源及品种间杂交优势来高效生产羊肉。

### 2. 选择育肥日粮

育肥的日粮应根据市场资源来确定，总体原则是一定要有粗饲料，在以粗饲料为基础日粮的条件下，选择精饲料补充料，合理搭配。

在粗饲料选择方面，主要根据本地饲草资源，也可利用一些非常规粗饲料，如酒糟、菌类下脚料、食品加工下脚料等。精饲料要根据规模大小和有无育肥经验来选择。现在还有很多商品化的精饲料补充料，分为预混料、浓缩料和全价料。预混料一般分为1%或4%等比例添加，其他由蛋白质饲料和能量饲料补充。选用预混料一般应具备饲料加工能力。对于中、小规模的育肥，建议购买浓缩料。浓缩料一般在全价料中比例为30%～40%，其他由能量饲料补充。全价料价格高于浓缩料，初次育肥或经验不足的养羊户可选择全价料。

### 3. 确定育肥周期和出栏时机

育肥周期和出栏时机是影响经济效益的重要因素，即使增重速度很快，饲料的转化率也很高，但如果把握不好出栏时机，也会影响经济效益。一般断奶羔羊经过50～60d的强度育肥，能够达到40kg左右的体重，日增重可达250～300g。也要看市场行情，有时赶在节前提前几天出栏可能利润不减。抓好育肥饲养管理的同时，还要关注市场行情，只有这样才能获得较大的经济效益。

### 4. 确定育肥规模

饲养规模的大小，要根据当地饲草贮存量、羊的繁殖水平、设备设施的大小、羊肉市场行情好坏等来选择合适的规模。对于规模化自繁自养的羊场来说，母羊饲养规模要适度；对于育肥规模羊场和农户来说，养殖规模越大则效益越好。

### 5. 资金准备

对于异地育肥，育肥羊如果是从外地购买来的，那么资金量就是育肥的第一要素，必须有充足的资金作保证才能获得成功。要做好预算，包括购入羊只的成本、草料成本、羊只调运的成本、人工喂养的成本、圈舍的租金、水电费等。同时还要考虑预留一部分流动资金，避免出现购买了羊只后没有了购买草料的资金，而影响育肥效益。因此，在育肥前一定要考虑全面，统筹安排，特别是在资金分配上要合理，做好预算。一般购买羊只和饲草、饲料的成本要占到整个投入的 80% ~ 90%，因此资金是进行育肥的首要因素，特别是异地购入、规模化、工厂化、全年均衡化生产的，一定要做好资金预算。

## 6. 饲草饲料的准备

为了育肥能够顺利，必须贮备足够的饲草。对于放牧育肥来说，饲草主要来自天然草场；而舍饲育肥的饲草全部依靠农作物秸秆、野草、青干草、人工栽培的牧草等。无论规模大小，都应该按照育肥羊的数量及采食量计算所需要的饲草量，贮备好足够的饲草。通常育肥羊每天每只需要干草约 1kg、青贮饲料 3kg。育肥前饲草的贮备对于大型舍饲育肥羊场则更加重要，对于一个存栏 3000 只育肥羊的羊场来说，每天需要 1.5t 干草、4.5t 青贮饲料，如此大的饲草需要量，一旦发生断草情况，临时调运是来不及的。针对这些情况，应提前做好饲草的准备工作，特别是在冬季育肥，草料贮备就更为重要。北方一般在 11 月份就进入冬季，其实在 10 月中旬地里的草和植被就已经枯黄，因此在饲草贮备方面，要早做准备，特别是对于规模化羊场和育肥羊场来说，更要做好这方面的工作。

（1）粗饲料的贮备　应在秋季从附近收购一些像花生秧、红薯秧、玉米秸秆等农作物秸秆，购买苜蓿或混合草粉，每只羊每天按照 1kg 粗饲料的量进行贮备。在做饲草贮备计划时，需要事先对羊的周转做出大致估计，预计冬季成年羊和育肥羊的饲养量，因为这两类羊粗饲料需要量所占的比例较大。另外，粗饲料贮备场所，可以搭建简易草棚，能够遮风挡雨即可，还要远离火源。

（2）精饲料的贮备　精饲料的供应并不像粗饲料那样具有季节性，但对于规模化羊场，还是要贮备一些。由于冬季缺乏青绿饲料，羊从粗饲料中获得的营养减少，需要从精饲料中补充，精饲料的需要量要稍微多一些。无论是自己配精饲料还是购买浓缩料，都要贮备一些玉米，玉米是用量最大的饲料原料，特别是在冬季遇到风雪天气或者接近春节时，随时购买有时可能做不到，因此规模化羊场更需要做好准备。

## 二、育肥应遵循的基本原则

### 1. 品种优良化

无论是绵羊还是山羊，不同品种的羊产肉性能和育肥性能是不同的。优秀的肉用羊大多具备早熟、生长快、饲料报酬高、胴体品质好等特点。目前，我国还没有专门化的肉用羊品种，地方品种的羊在增重速度、饲料报酬等方面都不如一些国外肉用羊品种。国外引进的肉用羊在增重速度、饲料转化率方面明显好于地方品种，但购买或繁殖这些羊的费用成本较高，因此建议在选择育肥品种时，最好选择杂交羊。杂交羊一般是利用国外引进肉用羊品种与地方品种进行杂交，后代的杂种优势明显。实践证明，在同样育肥条件下，杂交羊的育肥效益好于地方品种羊。

### 2. 经济效益最大化

经济效益是衡量育肥成败的关键因素，因此要按照市场经济规律和市场行情，合理分配资金，制定育肥方案和育肥周期，确定育肥上市时机。不要盲目追求出栏体重最大，因为往往出栏体重增大，育肥周期就要延长，成本也要增加，有的时候，出栏体重大并不一定能获得最高的市场价格。因此，在育肥过程中，要始终遵循经济效益最大化的原则。

### 3. 科学配制日粮

育肥羊日粮中粗饲料在育肥前期要占到 40% ~ 60%，即使到了育肥后期，也不应低于 30%，因此粗饲料的品质对于育肥效益也很重要。应设法改善粗饲料的品质，增加羊对干物质的采食量，从而提高日粮营养水平，而不应该单纯追求增加饲喂粗饲料的数量。对快速育肥的肉羊，供给的营养物质应高于其维持正常生长发育的需要。在不影响正常消化的前提下，饲喂的营养物质越多，获得的日增重就越高，而单位增重所消耗的饲料就越少，并可以提前出栏。如果希望得到含有脂肪少的羊肉，育肥前期的日粮中能量不可以太高，而蛋白质应充分供给，到了育肥后期可提高饲料能量水平。如果想得到相同的日增重，非肉用品种羊所需要的营养物质要高于肉用品种的羊。据资料报道，肉用品种羊的营养物质需要量要较兼用品种羊的需要量低10%～20%。

### 4. 科学饲喂

常用的育肥饲料有混合粉料、颗粒饲料和整粒谷物3种。混合粉料多半是用玉米粉与豆饼按照比例混合，加入维生素类和矿物质而成，干草单独喂；颗粒饲料是将混合粉料制成颗粒，以提高采食量；整粒谷物是近些年来推广应用的，由整粒玉米与蛋白质浓缩料混合而成。

这三种饲料都可以用饲槽饲喂，让羊自由采食，应保证不间断饲喂，随吃随有。传统的人工投喂方式，可以做到定时定量，按需投放饲料，调节增重效率，对于病羊可以及时隔离治疗。但无论采用哪种饲喂方式，在调整饲料种类时，都要有一个过渡期，避免突然更换饲料，特别是由粗饲料型向精饲料型日粮转换时要注意，否则容易出现腹泻、酸中毒等。

### 5. 合理组群

育肥羊在育肥之前，要根据育肥羊的来源、品种、体况、大小等进行合理组群，要将同一来源的羊放在一起，体况、大小相近的羊放在一起。否则，育肥效果就会不均匀，增重速度就会差别很大。育肥期间要特殊照顾体弱、偏瘦、采食能力差的羊，使其也能吃饱、吃好。

### 6. 适时屠宰

适时屠宰是获得最大经济效益的关键因素之一，是控制育肥期长短的关键环节，不要一味追求或者等待市场行情好转。如果育肥期过长容易导致增重速度下降、饲料转化率降低，即使出售价格高一些，也不一定经济效益最好，因为育肥期延长还会影响到下一批育肥羊的购入和出栏时机。因此，要全盘考虑育肥周期和周转频率，做到全年均衡生产，以期获得最大经济效益。

### 7. 适度规模

控制育肥规模也是保证经济效益的重要因素，育肥规模会牵扯到资金投入、草料消耗、人工成本、水电供应等，有时候规模大反而效益会降低。因此，要合理考虑资金投入和草料贮备，以及圈舍的承载能力。

## 三、育肥羊的选购和调运

### 1. 育肥羊选购的注意事项

育肥羊的选购是育肥成功的前提，为了做好育肥工作，必须高度重视育肥羊的选购。在缺乏资料的前提下，在市场选购时主要依据客观目测。有经验的挑选者，估计重量和称量的实际重量差异很小，一般不超过 0.5kg，具体挑选时应注意以下几个方面。

（1）注意精神状态，排除病羊　凡是精神萎靡、被毛紊乱、毛色发黄、黯淡无光、步态蹒跚、离群躲在一隅或者喜欢卧地的多数都是病羊。有些羊，特别是当年的羔羊或 1 周岁的青年羊，有的有转圈行为，多数可能是患了脑包虫的病羊；有的羊精神还可以，但膘情很差，甚至"骨瘦如柴"，可能是误食了塑料袋造成的；有的羊年龄较大，部分牙齿已经脱落，无法采食。这些类型的羊在挑选时一定要予以剔除。

（2）注意体型外貌　体格大、体躯长、肋骨开张好、体型呈圆筒状的羊，体表面积大。肌肉丰满的羊，上膘增重的幅度会大一些。头部短而粗、腿短、体型偏向于肉用型的，增重速度快。"十字部"和背部膘情的状况是挑选的主要依据。用手触摸时，骨骼明显的羊，往往膘情较差；手摸时骨骼上稍微有一些肌肉的，则膘情中等；手摸时肌肉丰满的，则说明膘情好。在市场上收购的羊，大多数属于前面两种。因此，只要不是病羊就可以挑选收购。

（3）要先了解当地的疫病情况　育肥羊只的选购大多来自集市或散养户，羊的来源较为复杂，有的是附近农民将羊驱赶到集市上的，有的是羊贩子运来的。因此，选购时先要了解该地区发病情况，特别是对于一些急性传染病（如口蹄疫等）应引起高度重视。对于来自疫区的羊，要拒绝购买，选羊时要逐个检查，确认无病后方可购买。

（4）要先了解市场行情　选购育肥羊时，市场价格对将来的经济效益影响很大。具体选购时要先了解当天或近段时间市场皮张、羊肉的价格，再根据出肉率计算总价格。其中，估计出肉率是关键。在大批选购时，要考虑羊群结构，即母羊、周岁羊、羔羊、公羊的比例。公羊虽然体格大、育肥后产肉率高，但肉质差、膻味大；羔羊肉品质好；羯羊（去势后的公羊）一般体格中等、增重快、肉质好、价格相对较高，深受消费者欢迎（见图5-3）。但各人的口味不同，有些消费者更愿意吃膻味大的羊肉，认为更有羊肉的滋味，因此有些养殖户并不对公羊进行阉割去势处理。

图5-3　绵羊育肥前的去势手术
（术前术野部位的碘酊消毒）

### 2. 育肥羊的年龄鉴定

在没有出生记录的情况下，鉴别羊的年龄主要靠门牙的脱换和磨损程度来判断。

羔羊的牙齿叫乳齿，乳齿较小，颜色较白，当乳齿长到一定时间后便开始依次脱落。乳齿脱落后再长出的牙齿称为"永久齿"，永久齿比乳齿大，颜色也略微发黄。羊没有上门齿，只有8颗下门齿；有24颗臼齿，分别长在上下四边的牙床上；门齿中间的一对叫切齿，切齿两边的两个叫内中间齿，内中间齿外边的两个叫外中间齿，最外边的一对叫隅齿。

① 1岁前羊的门齿为乳齿，永久齿没有长出；

② 1～1.5岁时，乳齿中的切齿开始脱落，并长出永久齿，称为"一对牙"；

③ 2～2.5岁时，内中间乳齿开始脱落，换成永久齿，称为"四个牙"；

④ 3～3.5岁时，外中间乳齿开始脱落，换成永久齿，称为"六个牙"；

⑤ 4～4.5岁时，乳隅齿开始脱落，换成永久齿，全部门齿都已经更换整齐，称为"齐口"；

⑥ 5岁时，由于牙齿磨损，上部由尖变平；

⑦ 6岁时，齿龈凹陷，有的牙齿开始松动；

⑧ 7岁时，牙齿与牙齿之间出现大的空隙，门齿变短；

⑨ 8岁时，牙齿开始有脱落现象，俗称"老八口"。

有的品种的羊长角。长角的羊，可以根据羊的角轮来判断年龄。角是由角质增生而形成的，冬、春季营养不足时，角长得慢或不长；青草期营养良好时，角长得快，因而就会出现凹沟或角轮。每一个深的角轮就是1岁的标志，这是判断羊年龄的依据。

经验丰富的人，还可以通过外貌大致判断羊的年龄，如青年羊比较清秀、头部较小、眼睛有神，但这只是大致判断羊年龄的方法，通过牙齿情况来判断羊的年龄是比较准确和方便的。

### 3. 育肥羊的调运

（1）准备工作　育肥羊的调运是育肥工作的重要环节，稍微有疏忽就会造成不必要的损失。因此，调运前要做好计划，考虑周全，做好应对突发意外情况的准备。调运人员应由有经验的收购人员、兽医等组成。运输车辆要用1%氢氧化钠溶液消毒，并准备好草料、饮水用具等工具。根据调运的地点和道路情况来确定运输路线。待调运的羊做好兽医卫生检疫后，应由当地兽医检疫部门开具防疫证明，以便在运输途中和以后使用。在调运途中，要轮换休息，留专人看守，以免丢失。到达目的地后，要做好手续交接工作。

（2）调运方法

① 赶运。这种方法适用于收购地点和育肥羊场距离较近的情况。一般羊群赶运的行程为 10 ～ 15km/d，行走时间为 7 ～ 8h。一般都在早、晚进行，午间休息 3 ～ 4h，进行饮水或喂草。

② 汽车调运。汽车运输速度快、用时少、应激小、不易掉膘，但运输的费用高。汽车运输一般有两种：一种是普通单层汽车；一种是双层专用汽车。无论采用哪种类型的汽车，装车前都要在车上铺一层沙土，以防滑倒。装车的密度要适中，切忌密度过大，特别是夏季，密度一定要小些，避免过度拥挤。在汽车运输途中，要尽量防止急刹车，在路过坡路时，要及时检查羊是否有摔倒或踩压发生，避免有倒下的羊被踩伤、压死。另外，夏季由于天气炎热，应多采取夜间运输。

### 4. 育肥羊的进舍管理

从异地购入的育肥羊要隔离饲养15d，确认健康合格后，方可转入育肥舍。从异地调入的羊在进入羊舍的当天，要先给予饮水，加入一些电解多维，以减少应激、缓解疲劳。同时喂给少量干草，让其安静休息。休息过后，再按照月龄、性别、体格大小、体质强弱等分群组圈。育肥开始后，要注意针对各组羊的体况、健康状况及增重计划，调整日粮和饲养方法。最初2～3周，要勤观察羊只的表现，及时调出伤、病、弱的羊，给予治疗并改善环境。

## 第四节　育肥羊的饲养管理

在育肥期的整个过程中，应经常观察羊群的健康状况，发现异常要及时处理。在喂料时，应该对羊只的采食状况、投喂饲料的多少、羊只食欲的好坏、精神状态的好坏等仔细观察，以便能够及时发现异常并作出处理。饲养管理对于羊群的整体健康和育肥效果非常重要，即使是同一批的育肥羊，如果由不同的饲养人员进行育肥，效果也会有差别。所以，饲养管理看似简单，其实很有学问。

## 一、育肥期的饲养

每天早晨和傍晚将精饲料与草粉混合均匀进行饲喂，保证饲槽内始终有草料和充足的饮水。按照饲槽内剩余的情况来灵活掌握饲喂量，在育肥开始和结束的时候空腹称重。

整个育肥期为2个月，分为前期、中期、后期，见表5-1。

表 5-1　育肥期及时间范围

| 育肥期 | 时间范围 /d |
|---|---|
| 前期 | 0 ~ 20 |
| 中期 | 21 ~ 40 |
| 后期 | 41 ~ 60 |

粗饲料主要是优质草粉，如花生秧、红薯秧、豆秸秆等。精饲料建议由浓缩料添加玉米和麸皮构成。

饲喂方法：一种是可以让饲槽内一直保持有草粉和精饲料，让其自由采食；另一种是每天饲喂 2 次，每次投喂量以羊 30 ~ 45min 吃完为准，量不够再添加。饲料一旦出现发霉或变质，一定不要饲喂。

育肥羊必须要供给足够的清洁饮水。多饮水有助于降低消化道疾病、羊肠毒血症和尿路结石等的发病率，同时可获得较高的增重。每只羊每天的饮水量随着气温而变化，气温与饮水量多少的关系见表 5-2。

表 5-2　气温与饮水量多少的关系

| 温度 /℃ | 饮水量 /L |
|---|---|
| 12 | 1.0 |
| 15 ~ 20 | 1.2 |
| > 20 | 1.5 |

饮水夏季的时候要防晒，冬季的时候要防冻，雪水和冰水要禁止饮用，还要定期清洗消毒饮水设备。

## 1. 育肥前期（0 ~ 20d）

育肥羊转入育肥舍或购入的羊进入圈舍后，要供应充足的饮水，前 2d 喂给容易消化的干草或草粉，不给或少给精饲料，还要进行剪毛。第 3 天注射口蹄疫疫苗，第 6 天皮下注射羊痘疫苗，第 9 天注射伊维菌素进行驱虫，第 10 ~ 13 天拌料饲喂健胃散。其操作规程见表 5-3。

表 5-3 育肥前期操作规程（参考）

| 时间 /d | 工作的内容 |
|---|---|
| 0 ~ 2 | 喂给干草、草粉 |
| 3 | 注射口蹄疫疫苗 |
| 6 | 注射羊痘疫苗 |
| 9 | 注射伊维菌素 |
| 10 ~ 13 | 饲喂健胃散 |

在这个阶段主要是让羊适应强度育肥的日粮、环境以及管理。总的原则是为中期、后期饲喂强度的逐渐加大做好准备。日粮搭配上主要是由商品化的浓缩料和玉米组成，精饲料由 40% 的浓缩料、60% 的玉米组成，每天由 200g/ 只增加到 500g/ 只。从第 18 天开始添加少量的育肥中期精饲料。育肥前期主要是适应性饲养，要勤观察、勤打扫。在春季疾病多发期，各种微生物活动频繁，因此春季育肥要注意传染病以及呼吸道疾病。在大群育肥时，要拌料饲喂预防呼吸道疾病的药物，如泰乐菌素等。实践证明，在饲料中添加药物可以有效预防呼吸道疾病的发生。下面介绍几个育肥前期的精饲料参考配方，供养殖户根据自己实际情况选择使用（见表 5-4 ~ 表 5-13）。

表 5-4 育肥前期精饲料配方（配方 1）

| 原料名称 | 玉米 | 大豆粕 | 小麦麸 | 石粉 | 食盐 | 预混料 | 磷酸氢钙 | 合计 |
|---|---|---|---|---|---|---|---|---|
| 配比 /% | 46 | 30 | 20 | 1.5 | 1.0 | 1.0 | 0.5 | 100 |
| 营养含量 | 干物质 86.90%，粗蛋白 20.04%，粗脂肪 3.01%，粗纤维 4.05%，钙 0.77%，磷 0.58%，食盐 0.98%，消化能 13.05MJ/kg | | | | | | | |

表 5-5 育肥前期精饲料配方（配方 2）

| 原料名称 | 玉米 | 大豆粕 | 小麦麸 | 石粉 | 食盐 | 预混料 | 磷酸氢钙 | 合计 |
|---|---|---|---|---|---|---|---|---|
| 配比 /% | 51 | 25 | 20 | 1.5 | 1.0 | 1.0 | 0.5 | 100 |
| 营养含量 | 干物质 86.85%，粗蛋白 18.33%，粗脂肪 3.09%，粗纤维 3.87%，钙 0.76%，磷 0.56%，食盐 0.98%，消化能 13.05MJ/kg | | | | | | | |

表 5-6　育肥前期精饲料配方（配方 3 ）

| 原料名称 | 玉米 | 棉籽粕 | 小麦麸 | 石粉 | 食盐 | 预混料 | 磷酸氢钙 | 合计 |
|---|---|---|---|---|---|---|---|---|
| 配比 /% | 50 | 30 | 16 | 1.5 | 1.0 | 1.0 | 0.5 | 100 |
| 营养含量 | 干物质 87.16%，粗蛋白 18.26%，粗脂肪 2.63%，粗纤维 5.25%，钙 0.74%，磷 0.66%，食盐 0.98%，消化能 12.82MJ/kg | | | | | | | | |

表 5-7　育肥前期精饲料配方（配方 4 ）

| 原料名称 | 玉米 | 菜籽粕 | 小麦麸 | 石粉 | 食盐 | 预混料 | 磷酸氢钙 | 合计 |
|---|---|---|---|---|---|---|---|---|
| 配比 /% | 45 | 31 | 20 | 1.5 | 1.0 | 1.0 | 0.5 | 100 |
| 营养含量 | 干物质 87.23%，粗蛋白 19.02%，粗脂肪 2.83%，粗纤维 6.16%，钙 0.93%，磷 0.62%，食盐 0.98%，消化能 12.58MJ/kg | | | | | | | | |

表 5-8　育肥前期精饲料配方（配方 5 ）

| 原料名称 | 玉米 | 菜籽粕 | 小麦麸 | 石粉 | 食盐 | 预混料 | 合计 |
|---|---|---|---|---|---|---|---|
| 配比 /% | 60 | 31 | 5 | 2.0 | 1.0 | 1.0 | 100 |
| 营养含量 | 干物质 87.08%，粗蛋白 17.97%，粗脂肪 2.79%，粗纤维 5.06%，钙 0.92%，磷 0.52%，食盐 0.98%，消化能 12.90MJ/kg | | | | | | | |

表 5-9　育肥前期精饲料配方（配方 6 ）

| 原料名称 | 玉米 | 大豆饼 | 小麦麸 | 石粉 | 食盐 | 预混料 | 磷酸氢钙 | 合计 |
|---|---|---|---|---|---|---|---|---|
| 配比 /% | 57 | 25 | 14 | 1.5 | 1.0 | 1.0 | 0.5 | 100 |
| 营养含量 | 干物质 86.79%，粗蛋白 17.38%，粗脂肪 4.02%，粗纤维 3.33%，钙 0.75%，磷 0.49%，食盐 0.98%，消化能 13.36MJ/kg | | | | | | | | |

表 5-10　育肥前期精饲料配方（配方 7 ）

| 原料名称 | 玉米 | 亚麻仁粕 | 小麦麸 | 石粉 | 尿素 | 食盐 | 预混料 | 合计 |
|---|---|---|---|---|---|---|---|---|
| 配比 /% | 55 | 30 | 10 | 2.0 | 1.0 | 1.0 | 1.0 | 100 |
| 营养含量 | 干物质 87.20%，粗蛋白 19.67%，粗脂肪 2.91%，粗纤维 4.23%，钙 0.85%，磷 0.53%，食盐 0.98%，消化能 12.81MJ/kg | | | | | | | | |

表 5-11　育肥前期精饲料配方（配方 8 ）

| 原料名称 | 玉米 | 向日葵仁粕 | 小麦麸 | 石粉 | 尿素 | 食盐 | 预混料 | 磷酸氢钙 | 合计 |
|---|---|---|---|---|---|---|---|---|---|
| 配比 /% | 60 | 30 | 5 | 1.5 | 1.0 | 1.0 | 1.0 | 0.5 | 100 |
| 营养含量 | 干物质 87.14%，粗蛋白 18.96%，粗脂肪 2.66%，粗纤维 5.85%，钙 0.74%，磷 0.60%，食盐 0.98%，消化能 11.72MJ/kg ||||||||||

表 5-12　育肥前期精饲料配方（配方 9 ）

| 原料名称 | 玉米 | 花生仁粕 | 小麦麸 | 石粉 | 食盐 | 预混料 | 磷酸氢钙 | 合计 |
|---|---|---|---|---|---|---|---|---|
| 配比 /% | 60 | 25 | 11 | 1.5 | 1.0 | 1.0 | 0.5 | 100 |
| 营养含量 | 干物质 86.01%，粗蛋白 18.90%，粗脂肪 2.94%，粗纤维 3.49%，钙 0.74%，磷 0.49%，食盐 0.98%，消化能 13.28MJ/kg |||||||||

表 5-13　育肥前期精饲料配方（配方 10 ）

| 原料名称 | 玉米 | 花生仁粕 | 小麦麸 | 石粉 | 尿素 | 食盐 | 预混料 | 磷酸氢钙 | 合计 |
|---|---|---|---|---|---|---|---|---|---|
| 配比 /% | 60 | 20 | 15 | 1.5 | 1.0 | 1.0 | 1.0 | 0.5 | 100 |
| 营养含量 | 干物质 87.04%，粗蛋白 20.01%，粗脂肪 3.03%，粗纤维 3.54%，钙 0.73%，磷 0.50%，食盐 0.98%，消化能 13.09MJ/kg ||||||||||

## 2. 育肥中期（21 ~ 40d）

在育肥中期日粮搭配上要逐渐提高能量饲料的比例，在育肥开始后 30d 左右拌料喂给"健胃散"，再次进行健胃。精饲料组成调整为 30% 浓缩料和 70% 玉米，每天喂给量由 500g/ 只逐渐增加到 800g/ 只。第 18 ~ 23 天精饲料调整过渡完毕。每天坚持打扫圈舍，观察羊群的精神状态，减少惊吓及抓羊等的应激。这个阶段是育肥增重的重要时期，要视羊的采食情况、被毛情况、精神状态、增重上膘情况，决定是否调整精饲料的比例。如果增重较快、粪便正常，可以提前调整精饲料的比例，提高玉米的含量。由于精饲料比例增加，难免有个别羊出现消化不良、腹泻现象，还会有个别羊有尿路结石情况。对于有尿路结石的病羊，因其不容易治疗，采取手术治疗成本又比较高,因此建议淘汰。下面介绍几个育肥中期的精饲料配方,供养殖户参考(见表 5-14 ~ 表 5-20)。

表 5-14 育肥中期精饲料配方(配方 1)

| 原料名称 | 玉米 | 大豆粕 | 小麦麸 | 石粉 | 食盐 | 预混料 | 磷酸氢钙 | 合计 |
|---|---|---|---|---|---|---|---|---|
| 配比 /% | 61 | 19 | 16 | 1.0 | 1.0 | 1.0 | 1.0 | 100 |
| 营养含量 | 干物质 86.73%,粗蛋白 15.99%,粗脂肪 3.18%,粗纤维 3.37%,钙 0.68%,磷 0.60%,食盐 0.98%,消化能 13.21MJ/kg ||||||||

表 5-15 育肥中期精饲料配方(配方 2)

| 原料名称 | 玉米 | 棉籽粕 | 小麦麸 | 石粉 | 食盐 | 预混料 | 磷酸氢钙 | 合计 |
|---|---|---|---|---|---|---|---|---|
| 配比 /% | 56 | 20 | 20 | 1.5 | 1.0 | 1.0 | 0.5 | 100 |
| 营养含量 | 干物质 87.00%,粗蛋白 15.61%,粗脂肪 2.94%,粗纤维 4.70%,钙 0.73%,磷 0.61%,食盐 0.98%,消化能 12.91MJ/kg ||||||||

表 5-16 育肥中期精饲料配方(配方 3)

| 原料名称 | 玉米 | 胡麻饼 | 小麦麸 | 大豆饼 | 石粉 | 食盐 | 预混料 | 磷酸氢钙 | 合计 |
|---|---|---|---|---|---|---|---|---|---|
| 配比 /% | 55 | 25 | 11 | 5 | 1.0 | 1.0 | 1.0 | 1.0 | 100 |
| 营养含量 | 干物质 88.04%,粗蛋白 16.84%,粗脂肪 3.98%,粗纤维 4.56%,钙 0.77%,磷 0.64%,食盐 0.98%,消化能 13.57MJ/kg |||||||||

表 5-17 育肥中期精饲料配方(配方 4)

| 原料名称 | 玉米 | 棉籽饼 | 向日葵仁饼 | 小麦麸 | 石粉 | 食盐 | 预混料 | 磷酸氢钙 | 合计 |
|---|---|---|---|---|---|---|---|---|---|
| 配比 /% | 60 | 13 | 13 | 10 | 1.0 | 1.0 | 1.0 | 1.0 | 100 |
| 营养含量 | 干物质 87.00%,粗蛋白 16.25%,粗脂肪 3.64%,粗纤维 4.84%,钙 0.68%,磷 0.68%,食盐 0.98%,消化能 12.87MJ/kg |||||||||

表 5-18 育肥中期精饲料配方(配方 5)

| 原料名称 | 玉米 | 小麦麸 | 大豆粕 | 棉籽粕 | 亚麻仁粕 | 石粉 | 预混料 | 食盐 | 磷酸氢钙 | 合计 |
|---|---|---|---|---|---|---|---|---|---|---|
| 配比 /% | 58 | 19.5 | 12 | 4 | 3 | 1.5 | 1.0 | 0.5 | 0.5 | 100 |
| 营养含量 | 干物质 86.79%,粗蛋白 15.83%,粗脂肪 3.16%,粗纤维 3.93%,钙 0.74%,磷 0.56%,食盐 0.98%,消化能 13.14MJ/kg ||||||||||

表 5-19　育肥中期精饲料配方（配方 6）

| 原料名称 | 玉米 | 向日葵仁粕 | 小麦麸 | 米糠 | 胡麻饼 | 石粉 | 预混料 | 食盐 | 磷酸氢钙 | 合计 |
|---|---|---|---|---|---|---|---|---|---|---|
| 配比 /% | 49 | 15 | 12 | 10 | 10 | 1.5 | 1.0 | 1.0 | 0.5 | 100 |
| 营养含量 | 干物质87.52%，粗蛋白15.09%，粗脂肪4.83%，粗纤维6.47%，钙0.77%，磷0.68%，食盐0.98%，消化能12.62MJ/kg ||||||||||

表 5-20　育肥中期精饲料配方（配方 7）

| 原料名称 | 玉米 | 小麦麸 | 豆饼 | 棉籽饼 | 菜籽饼 | 酵母饲料 | 石粉 | 尿素 | 食盐 | 预混料 | 合计 |
|---|---|---|---|---|---|---|---|---|---|---|---|
| 配比 /% | 60.5 | 10 | 10 | 7 | 5 | 3 | 1.5 | 1.0 | 1.0 | 1.0 | 100 |
| 营养含量 | 干物质87.10%，粗蛋白16.47%，粗脂肪4.02%，粗纤维3.78%，钙0.75%，磷0.52%，食盐0.98%，消化能12.76MJ/kg |||||||||||

## 3. 育肥后期（41 ～ 60d）

育肥后期是增重较快的时期，应继续提高能量饲料比例，精饲料投喂量也要逐渐加大。育肥后期精饲料组成为 20% 浓缩料、80% 玉米，每天饲喂量由 800g/ 只逐渐增加到 1300g/ 只。第 38 ～ 43 天由育肥中期精饲料逐渐过渡到育肥后期精饲料。在育肥后期最后几天要观察羊的采食情况，由于精饲料比例加大以及采食量增多，可能会出现腹泻现象。同时，也要留意市场行情，如果价格合适、羊体重达到 40 ～ 45kg，即可出栏或屠宰。

育肥后期如果处在夏季，由于气温高、天气炎热，要注意防暑降温，一般喂羊的时间也要根据气温变化做一定的调整。当进入伏天后，趁着早晨凉快的时候喂，下午晚一些喂，天气太热，羊也和人一样，有"苦夏"的现象。专业化育肥时，由于群体比较大，要注意圈舍的饲养密度。天气热的时候羊有"扎堆"的现象，即天气越热越喜欢挤在一起。有的羊舍是用石棉瓦或彩钢瓦搭建的，夏天的时候房顶被晒后不隔热，羊舍里闷热异常，专业化育肥要采取降温措施，如安装较大功率的排风扇或电扇，还有就是要保持水槽里面不能断水。

要根据资金情况、季节和市场行情制订周转计划，按2个月左右为1个周期，全年可进行4个周期，每个育肥周期结束后，至少留出15d的时间对羊场、舍进行打扫、消毒以及为下一轮育肥做相关的准备。夏季天气炎热多雨，育肥效果差，最好根据周期情况在伏天留出空闲时间。专业化育肥关键要做好整群的防疫工作，并根据市场行情和价格走势做好育肥羊的出栏和屠宰，以获得最大的效益。下面介绍几个育肥后期精饲料配方，供养殖户参考（见表5-21～表5-24）。

表5-21 育肥后期精饲料配方（配方1）

| 原料名称 | 玉米 | 向日葵仁粕 | 小麦麸 | 石粉 | 食盐 | 预混料 | 磷酸氢钙 | 合计 |
|---|---|---|---|---|---|---|---|---|
| 配比/% | 57.5 | 18 | 20 | 1.5 | 1.0 | 1.0 | 1.0 | 100 |
| 营养含量 | 干物质87.00%，粗蛋白14.19%，粗脂肪3.03%，粗纤维5.36%，钙0.85%，磷0.69%，食盐0.98%，消化能12.17MJ/kg | | | | | | | |

表5-22 育肥后期精饲料配方（配方2）

| 原料名称 | 玉米 | 胡麻饼 | 小麦麸 | 大豆粕 | 石粉 | 食盐 | 预混料 | 磷酸氢钙 | 合计 |
|---|---|---|---|---|---|---|---|---|---|
| 配比/% | 65 | 10 | 16 | 5 | 1.0 | 1.0 | 1.0 | 1.0 | 100 |
| 营养含量 | 干物质87.19%，粗蛋白13.63%，粗脂肪3.57%，粗纤维3.70%，钙0.69%，磷0.60%，食盐0.98%，消化能13.73MJ/kg | | | | | | | | |

表5-23 育肥后期精饲料配方（配方3）

| 原料名称 | 玉米 | 胡麻饼 | 小麦麸 | 黑豆 | 石粉 | 食盐 | 预混料 | 磷酸氢钙 | 合计 |
|---|---|---|---|---|---|---|---|---|---|
| 配比/% | 64 | 12 | 12 | 8 | 1.0 | 1.0 | 1.0 | 1.0 | 100 |
| 营养含量 | 干物质87.72%，粗蛋白14.20%，粗脂肪4.55%，粗纤维4.01%，钙0.69%，磷0.60%，食盐0.98%，消化能13.77MJ/kg | | | | | | | | |

表5-24 育肥后期精饲料配方（配方4）

| 原料名称 | 高粱 | 棉籽壳 | 苜蓿草粉 | 棉籽饼 | 糖蜜 | 磷酸氢钙 | 预混料 | 食盐 | 石粉 | 合计 |
|---|---|---|---|---|---|---|---|---|---|---|
| 配比/% | 31.5 | 30 | 15 | 14 | 6 | 1.2 | 1.0 | 1.0 | 0.3 | 100 |
| 营养含量 | 干物质83.29%，粗蛋白12.30%，粗脂肪2.30%，粗纤维6.62%，钙0.81%，磷0.51%，食盐0.98%，消化能10.82MJ/kg | | | | | | | | | |

## 二、育肥期的注意事项

肉羊育肥的好坏直接关系到获得经济效益的优劣，在整个育肥期要注意以下几个方面的问题。

### 1. 要勤观察

在育肥的整个过程中，要勤观察，以便及时发现病羊、弱羊、食欲差等状况的羊。无论是在选购羊，还是在育肥饲养过程中，要多观察，做到早发现早处理，避免不必要的损失，以增加经济效益。

### 2. 饮水要卫生，夏季要防暑，冬季要防冻

在育肥过程中，必须保持圈舍内有充足清洁的饮水，特别是在北方冬季，饮水也是个需要注意的问题，不要给羊饮用冰碴水。除了在日粮搭配上多增加一些多汁饲料，如果有条件尽量给温水，给羊喂温水可以促进消化，减少体内能量的消耗。对于农户饲养的母羊，由于饲养的规模较小，可以在饲喂时先用开水把精饲料冲开，搅拌均匀，使之变成糊状，然后兑上一定量的凉水，搅拌均匀后喂给羊即可。虽然冬季羊饮水量少，但每只羊每天至少也要饮水 2 次。如果羊只缺水，就会出现厌食，长期饮水不足会处于亚健康状态。特别是育肥羊，日粮中精饲料的比例较大，更需要充足的饮水。一般都要设立单独的水槽，要保持水槽内总是有水。

在生产中，一般都是在喂草喂料 1h 后让羊饮水，这样可使水与草料在羊瘤胃内充分混合，有助于消化。

### 3. 要保持圈舍地面干燥

一定要搞好羊舍的卫生，使羊舍保持干燥，同时还要勤换垫料。运动场一定不要泥泞不堪，否则容易发生腐蹄病。可以铺一层干燥的细沙，特别是在寒冷季节，尽量减少羊舍地面上的存水（见图5-4）。

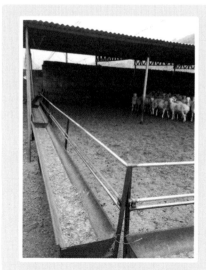

图 5-4　育肥羊的圈舍（地面干燥且铺有细沙）

## 4. 要避免突然更换饲料

更换饲料类型的时候要有一个过渡期，绝不能在 1 ~ 2d 内就改喂新类型饲料。精饲料的更换，要新旧搭配，逐渐加大新饲料的比例，应坚持新饲料先少后多的原则，以逐渐增加的方法，在 3 ~ 6d 内更换完成。一般在育肥期间不提倡频繁多次更换日粮的种类。日粮可以精、粗饲料分开添加饲喂，也可以将精、粗饲料混合喂，如果混合均匀、品质一致，饲喂效果较好。也可以制成颗粒饲料，饲喂颗粒饲料可以提高采食量，减少饲料浪费。

## 5. 要注意防病治病

由于冬季天气寒冷，病原微生物活动减少，类似于腹泻、传染病等疾病的发病率相对较低，这时容易放松警惕。其实在冬季仍然有暴发传染病的可能。如果冬季不做好预防工作，病原微生物在冬季处于潜伏状态，到第二年春季时，可能会暴发传染病。因此，冬季防疫是为春季防病做准备。冬季主要注意防疫口蹄疫、羊痘和传染性胸膜肺炎等疾病。

在冬季，由于气候寒冷，羊容易感冒，患呼吸道等方面的疾病。因此，要留心观察，发现后要及时治疗。在治疗呼吸道疾病时，要隔离治疗，至少要坚持治疗 5d，最好要治疗 7d。由于呼吸道疾病不容易被发现，当发现时大多已经出现呼吸困难、体温升高、厌食、精神萎靡等症状。在治疗的过程中，有些羊是上呼吸道感染，如果伴有咳嗽则容易被发现，而有些羊此时已经感染至肺部，仅仅依靠观察不容易被察觉，因此要进行听诊。有些羊治疗后很快见效，但停药后又复发，一旦复发会增加治愈难度，所以一定要坚持按疗程用药。

## 三、育肥羊的日常管理技术

### 1. 对羊的控制

（1）捉羊　如果捉羊的方法不得当，会将羊毛揪掉或造成损伤。捉羊时，先悄悄地走到羊的后面，用一只手迅速抓住羊的后肋腹部或后腿飞节上部。抓羊时不要造成惊群，如果羊群惊跑，可先将羊群驱赶到一个角落，趁着羊群密集拥挤时，迅速抓住要抓的羊。

（2）导羊前进　在实际生产中，往往要让羊有短距离的移动，这就需要导羊。导羊的方法有两种：一种方法是用一只手托住羊的颈下部，以便左右其方向，另一只手轻轻搔动羊的尾巴，羊即能自动前进；另一种方法是人站在羊的左侧，右手抓住羊的右后肢高举，使得羊后躯不着地并用力向前推，左手扶住颈上部掌握方向，这样羊无力反抗也就自动前进了。抓羊时，不要抓住羊的犄角或头部向前硬拉，更不要揪住羊的耳朵向前拉。

（3）羊的保定　许多时候都要对羊进行保定。但如果方法不得当，就会造成损伤，而且羊只挣扎，也不利于工作的进行。保定羊的方法是把羊抓住后，用两腿夹住羊的颈部，并用双膝紧紧顶住羊的肩部；另一种方法是人站在羊的左侧，用左手抓住羊的颌下，右手把住臀部，使羊靠住保定人员的腿部。另外还可以用简易的保定架进行保定（见图5-5）。

（4）倒羊　倒羊就是让羊卧倒。一般是人站在羊的左侧，左手由颌下伸至右边，扶住颈上部，右手由腹下部伸入并握住羊右后肢下部，用力向前侧拉，同时左手高擎羊颈向后侧压，使羊自动坐下而卧倒。倒羊的方法很多，但无论采取哪一种都要以保证羊的安全为前提。

（5）抱羊　抱羔羊时先要用左

图5-5　简易的羊保定架

手由两前腿中间伸进托住羔羊胸部及外肋部，右手先抓住右侧后腿飞节，把羔羊抱起后再用胳膊由后外侧把羔羊搂紧，这样抱既有力，羊也不乱动。

## 2. 剪毛

如果育肥期正直天气炎热的时候，在育肥期之前都要对育肥羊进行剪毛。剪毛有助于日增重，加快体脂肪的沉积，提高育肥效果。剪毛有手工剪毛和机械剪毛两种。手工剪毛是用一种特制的剪子进行剪毛，劳动强度大，每人每天只能剪 20 ~ 30 只羊；机械剪毛是用专门的剪毛机进行剪毛，速度快、质量好、效率高。

## 3. 药浴

药浴是对羊进行体外驱虫的方法，即用杀虫药液对羊只体表进行药浴。目的是防治羊体表常见的寄生虫，如蜱、螨、虱、跳蚤等。为了保证育肥效果，在育肥之前一定要进行一次药浴。药浴应选择在晴朗天气，药浴前停止放牧半天，并充足饮水。药浴可以使用喷雾器，也可以用药浴池等。

（1）药浴使用的药液　药浴使用的药液有 1% 敌百虫溶液、敌杀死、虫螨净、除癞灵等，也可以用下列药剂：

① 用 50% 辛硫磷乳油 0.05kg，加水 25L，配成浓度为 0.1% 的药液进行药浴。

② 热硫黄石灰水：用硫黄末 12.5kg、新鲜石灰 7.5kg，加热水 500L 制成。

③ 将 20% 双甲脒乳油，稀释 500 ~ 600 倍制成。

（2）药浴的使用方法　具体方法有浸浴法和喷浴法等。

① 喷浴法（淋浴）　用喷雾器等将配好的药液直接喷到羊只的体表，喷透即可。

② 浸浴法（池浴）　把药液放入药浴池中，药浴时人站在药浴池的两侧，用木棍控制羊，勿使其漂浮或沉没。羊药浴完后在出口的滴流台处稍停一会儿，使羊身上的药液流回池中，以免浪费药液。将羊的身体浸于药液中浸透即可，一般每只羊浸浴 3min 左右（见图 5-6）。

浸浴法的另外一种方式是盆浴。盆浴是在大盆、大锅、大缸中进行药浴。这种方法比较适合于农区羊只数量不多的农户。盆浴是用人工的方法对羊逐只洗浴，比较麻烦费事。

图5-6　羊只在药浴池中药浴

（3）药浴的注意事项

① 药浴的时机：在剪毛大约一周后，应及时组织药浴。药浴前要先检查羊身上有无伤口，有伤口的不能药浴，以免药液浸入伤口，引起中毒。

② 药浴前先要进行安全试验：为保证药浴的安全有效，应在大批入浴前，先用几只羊（最好是体质较弱的羊）进行药浴观察试验，确认无中毒出现，再按照计划组织药浴。对于体质很差的羊，要帮助它通过药浴池。牧羊犬也同样要一起药浴。

③ 药浴要充分：不论是淋浴还是池浴，都应让羊多停站一会儿，使药液充分浸透全身。力求全部的羊都参加药浴。池内的药液不能过浅，以能使羊体漂浮起来为好。

④ 要防止羊饮药液中毒：药浴前2h应饮足水，药浴前8h停喂、停牧。浴后避免阳光直射，圈舍保持良好的通风。

⑤ 药浴要选择在晴朗无风的上午进行：这是为了防止羊只受凉感冒。药浴后，如遇风雨，可赶羊入圈以保安全。药液温度为15～20℃。当羊行至池中央时，要用木棍压下羊的头部，浸入药液内1～2次，以使头部也能药浴。羊出池后，要停留在凉棚或宽敞的棚舍内，过6～8h，待毛阴干无中毒现象后方可喂草料或放牧。药浴结束后，要妥善处理残液，防止人畜中毒。

## 4. 驱虫

各种虫体不仅会消耗羊体内的营养，影响羊的正常采食，而且大量寄生时，还会分泌一种抗蛋白酶素，使羊对粗蛋白不能充分吸收，阻碍蛋白质的代谢，同时影响钙、磷的吸收。寄生虫的代谢产物，也会影响造血器官的功能和改变血管壁的通透性，从而引起腹泻或便秘。因此，为了保证育肥效果，购入的育肥羊在育肥之前都要进行1次驱虫。

常用的体内驱虫药有：四咪唑、驱虫净、丙硫苯咪唑等。丙硫苯咪唑是一种广谱、低毒、高效的新药，每千克体重的剂量为15mg，对线虫、吸虫和绦虫都有较好的治疗效果。具体每一种驱虫药的剂量、使用方法，请参照说明书。

## 第五节  提高肉羊育肥效益的主要措施

### 一、树立经营管理的新理念

#### 1. 市场观念

市场是商品交易的场所，是联系生产和消费的纽带，是肉羊生产经营中不可缺少的环境因素。因此，肉羊生产者必须树立以市场为导向、用户至上的营销理念，做好市场调查与预测。

#### 2. 竞争观念

市场经济是通过竞争机制调控的经济，优胜劣汰。市场竞争是促使肉羊生产者加强经营管理、提高经济效益的外在动力。

#### 3. 风险观念

市场经济瞬息万变，具有一定的风险性和经营管理的不确定性。在经营生产中要保持风险意识，随时做好应对。

#### 4. 效益观念

经济效益是肉羊生产发展的基础。在市场经济条件下，尽可能降低生产成本，提高产出，从而增加盈利，这是任何生产者都追求的最终目标。因此，肉羊生产要讲究适度经营、规模经营，注重增值与效益，防止出现"增产不增收"现象。

### 5. 时效观念

人们常说"时间就是金钱，效率就是生命"。这表明时间和效率在经营中的重要性。因此，在肉羊生产中要重视时间价值，讲究高效率，把握时机，力求实现高的经济效益。

## 二、强化经营管理

### 1. 计划管理

（1）生产计划　生产计划主要指羊群的周转计划。羊群周转计划既要考虑气候条件，又要考虑牧草生长和饲草供给情况。此外，还要考虑市场以及季节因素，最好将出栏时间选择在节前或者价格较高时，同时还要考虑育肥增重效率。购入育肥羊时要考虑选择价格较低的羊，还要考虑购入地存栏情况，一般以 2 个月作为 1 个周期的话，每年可以做 5 个周期，但最好考虑空栏时间以及气候等因素。

（2）饲料生产和供应计划　主要考虑饲料的数量、各种羊的日粮标准、饲料的来源、青饲料的生产状况等情况。

（3）疫病防治计划　疫病防治是在一个年度或一个生产周期内对羊群疫病防治所做的预先安排。疫病防治计划应贯彻"预防为主、防治结合"的方针，要注重其综合性效果，主要内容包括定期消毒、驱虫、定期检疫、疫苗定期注射、病羊及时隔离和治疗等内容。

### 2. 劳动管理

育肥一般根据分群饲养的原则，设立相应的羊群饲养作业组，如种公羊作业组、羔羊作业组等。每个组安排 1 ~ 2 名负责人，每个饲养员或放牧员要分群固定，做到分工明确、责任细化。每个饲养员的劳动定额，可根据羊群规模、机械化程度、饲养条件和季节的不同而有所区别。

# 三、科学有效降低育肥成本

在肉羊育肥过程中，努力科学有效地降低饲养成本是提高效益的主要方式之一，是在加强成本核算的前提下，科学地进行饲养管理，合理调配饲料，紧凑安排劳动力以及在精打细算的基础上合理安排和发展肉羊育肥。

## 1. 加强成本核算，降低饲养成本

要想获得较大的经济效益，就必须有科学的生产流程，完善的人、财、物管理制度，在完成各项指标的前提下，加强成本核算，努力降低成本，这是肉羊育肥经济管理的一个重要方面。通过成本核算，可以及时发现问题，如通过耗料量和增重速度、饲料价格和销售价格的比较，来预测适时出栏的时间和估算育肥的经济效益。例如，饲料费用的上升和肉羊日增重的下降都会导致育肥成本提高，而饲料费用的上升，一种原因可能是饲料价格的上涨，另一种原因可能是饲料浪费引起的；而肉羊日增重的下降，可能是饲料品质的下降，或受到疫病的影响，或者是环境条件发生了变化引起的。总之，需要寻找饲养成本加大的原因，并及时根据实际情况合理采取有效措施加以解决。

## 2. 提高饲料的有效利用率

饲料的费用占到羊只育肥成本的绝大部分比例。在实际生产中，由于饲养管理不善、饲料配合和使用不当，常常造成饲料的浪费，浪费量可占到其用量的 5% ~ 10%，进而影响羊只育肥的经济效益。因此，减少饲料浪费是降低成本、提高利润的有效途径。

（1）做好饲料保管工作　饲料会因为日晒、雨淋、受潮、发霉、生虫等造成损失。所以饲料要贮存在干燥、通风、离地 20cm 的木架子上，并将室内的温度控制在 13℃以下，空气湿度在 60% 以下。这样既可以防止细菌、霉菌的生长，又能避免饲料受潮、受污染和营养价值下降。

（2）对病、弱、残羊的处理　在育肥过程中，难免会出现个别病羊、伤残羊以及没有育肥价值的羊。为了减少饲料的浪费，提高饲料报酬，应及时淘汰这些羊，做到"精品"意识，即所养的羊都是健康、增重效果好、饲料报酬高的，只有这样才能提高饲料的利用率，降低育肥成本。

（3）做好灭鼠、驱鸟工作　1只老鼠1年可吃掉6～7.5kg的饲料，其粪便、尿液又直接污染饲料，而且其又是疾病的传播者，所以应采取有效措施进行灭鼠。此外，麻雀等野生鸟类也能造成饲料不必要的浪费。

（4）做好防疫、驱虫工作　疫病是导致饲养成本增加和育肥利润降低的重要因素。如果某种传染病在羊群中传播，就会直接影响羊的采食量、生长发育，甚至会造成羊只死亡，增加饲养成本；如果羊群感染了寄生虫病，不但会消耗羊的体重，而且会影响营养物质的吸收和利用，降低饲料的利用率。所以，应重视防疫和驱虫工作，以便减少饲料的浪费，提高饲料利用率。

（5）合理使用饲料添加剂　传统的肉羊育肥几乎忽视了所有的维生素和微量元素的添加，结果导致其生长缓慢，延长了育肥时间，肌间脂肪组织蓄积减少，肌肉纤维老化，市场价格降低。合理使用饲料添加剂，不但能提高饲料的利用率，加快羊的生长速度，缩短肉羊育肥时间，增加其肌间脂肪组织蓄积，而且能改善肌肉的肉质，特别是能改变肌肉的颜色，使颜色变美、嫩度增加、味觉可口，从而有效地提高产品的价格。所以，合理使用饲料添加剂是增加育肥效果的有效途径。

（6）确保有个优良的饲养环境　按照标准，要确保羊舍的温度、湿度、光照、空气质量处于最佳状态，以提高饲料的利用率，加快肉羊的生长发育速度，提高育肥效益。

（7）把握最佳的出栏时机　肉羊在生长的后期，增重速度缓慢，饲料消耗增加。因此，做好饲养记录，通过数据分析，当饲料消耗的价值超过体重增加的价值时，要迅速出栏。

### 3. 合理设置岗位和配置设备

对于集约化的肉羊场来说，管理尤为重要，合理设置岗位能够提高劳动效率，降低生产成本。因此，应按照岗位优化原则，科学配置工作人员。

（1）人员设置　自繁自养的肉羊场人员岗位设置一般分为饲养员、饲料加工员、技术人员、财务人员、场长等。一般来说，规模化肉羊场，按照每300～500只羊配备1名劳动力的标准设置。

（2）设备配置　一般肉羊场除了配置饲槽、水槽、消毒器械等常用设备外，还应配置发电机、水井、粉碎机等必要的设备，以便生产使用。

## 四、做好市场营销工作

### 1. 做好市场调查，确定发展思路

在决定进行肉羊育肥之前，先要考虑的是到哪里去买羊，羊源如何，育肥什么品种，价格怎样，年龄控制在什么阶段的，育肥羊销售到什么地方去，价格如何，市场需求量有多大，每出栏一只育肥羊利润是多少，育肥规模是多大，育肥周期是多长，饲料如何解决。再就是还得考虑育肥规模与投入资金的关系等，也就是平时所说的"摸着兜办事"。

### 2. 准确掌握市场信息，合理安排生产

肉羊育肥经营者要根据羔羊集中上市的特点，针对本地区集中屠宰情况，考虑选择什么样的品种进行育肥更有潜力。要合理设计和安排生产，以降低购买羊只的成本，有针对性地选购羊的品种。

### 3. 寻求信誉好的厂家，增加经济收入

对于规模化的肉羊场来说，要选择与信誉度好、实力雄厚的屠宰加工厂建立长期的肉羊供求关系，这将有助于肉羊场的稳定发展。规模化肉羊养殖户最好也要联合起来，寻求大的收购育肥羊的加工企业，以提高抵御市场风险的能力。

# 第六章

# 育肥羊疾病防控原则、诊断及给药方法

# 第一节 育肥羊疾病防治的总体措施

育肥羊在生活过程中所发生的疾病是多种多样的，根据其性质的不同，一般可分为传染病、寄生虫病、内科病、外科病、产科病、代谢病以及中毒病等。其中，除了传染病和寄生虫病之外的疾病又统称为普通病。

传染病是由病原微生物（如细菌、病毒、支原体等）侵入羊体而引起的。病原微生物在羊体内生长繁殖，释放出大量的毒素或致病因子，损害羊的机体，使羊发病，如不及时治疗，可能会引起大批死亡或生产力严重下降。羊发生传染病后，病原微生物可从其体内排出，通过直接或间接接触传染给其他的羊，造成疫病的流行。有些急性、烈性传染病，可以使羊大批死亡，造成严重的经济损失。

寄生虫病是由于寄生虫（如蠕虫、昆虫、原虫等）寄生于羊体而引起的。当寄生虫寄生于羊体时，可通过虫体对羊的器官、组织造成机械损伤，夺取营养或产生毒素，使羊消瘦、贫血、营养不良、生产机能下降，严重者可导致死亡。寄生虫病与传染病有相似之处，即具有侵袭性，可使得多数羊发病。某些寄生虫病所造成的经济损失并不亚于传染病，也对养羊业构成严重威胁。

普通病是指除了传染病和寄生虫病以外的疾病。普通病不具有传染性或侵袭性，多为零星发生，但羊误食某些有毒牧草或毒物后，也会引起大批死亡，造成严重的经济损失。

羊病防治必须坚持"预防为主，防重于治"的方针，认真贯彻国务院颁布的《家畜家禽防疫条例》，采取加强饲养管理、搞好环境卫生、严格检疫制度、定期组织驱虫、预防毒物中毒等综合性防治措施，将饲养管理工作和防疫工作紧密结合起来，才能取得防病、灭病的良好效果。

# 一、加强饲养管理

首先，加强饲养管理，坚持自繁自养的原则。养羊户应选健康的良种公羊和母羊，以提高羊的生产性能，增强其对疾病的抵抗力，俗话说"体弱百病生"。购入羊只时对购入的羊一定要做好仔细检疫、预防接种和隔离饲养观察，确保羊群健康安全，防止因购入新羊而带来病原体。饲料的品质要优良、无毒无害、无霉变和无污染，饲草、饲料合理搭配，更换饲草、饲料时要逐渐过渡，不可突然更换。

其次，养殖规模大的羊场，要合理组织放牧。最好是编群组织放牧，合理利用草场，减少牧草的浪费和羊感染传染病和寄生虫病的机会。

最后，重点实行补饲。如果在育肥的中、后期，正值冬季牧草枯萎、营养价值下降或放牧采食不足时，必须进行补饲。对于羊群中的羔羊、怀孕母羊、哺乳期母羊以及配种期间的公羊，也必须要加强补饲。

# 二、搞好环境卫生

育肥羊场环境卫生的好坏，与疫病的发生有密切关系。羊舍、羊场、羊圈及用具应保持清洁、干燥，应每天清扫粪便和污物，降低污物发酵和腐败产生有害气体的含量，如氨气、二氧化碳等。饮水槽和饮水器具要经常清洗，定期用 0.1% 的高锰酸钾溶液进行消毒。圈舍要用 10% ~ 20% 的生石灰水和 20% 的漂白粉溶液，喷洒地面、墙壁、顶棚；清除羊舍周围杂物和积水，防止蚊、蝇滋生；病羊的尸体要深埋或焚烧，被病羊污染的环境、用具要用 4% 的氢氧化钠或 10% 的克辽林溶液等进行消毒处理。粪便要堆积发酵，30d 后可以作为肥料使用。

羊的饲草应保持清洁、干净，不能用发霉的饲草、腐烂的饲料喂羊；饮水要清洁，不能让羊饮用污水和冰碴水。

老鼠、蚊、蝇等是病原体的宿主和携带者，能传播多种疾病。应当清除羊舍周围的杂物、垃圾及乱草垛等，填平死水坑，认真开展杀虫灭鼠工作。

## 三、严格检疫制度

检疫是应用各种诊断方法，对羊及其产品进行疫病（主要是传染病和寄生虫病）检查，并采取相应的措施，以防疫病的发生和传播。购入育肥羊时，只能从非疫区购入；运抵目的地后，还要经过兽医验证、检疫并观察 15d 以上，确认健康后，再经过驱虫、消毒，补种疫苗，方可进行育肥饲养。羊场采用的饲料，也要从安全地区购入，以防疫病传入。

## 四、有计划地进行免疫接种

免疫接种是使羊体产生特异性抵抗力，使其对某种传染病具有抗性。有组织、有计划地进行免疫接种，是预防和控制羊传染病发生的重要措施之一。目前我国用于预防羊传染病的疫苗主要有以下几种。现简要介绍一下这些疫苗的种类、使用方法和免疫期限。

（1）炭疽病 II 号芽孢苗　预防羊炭疽病。皮下注射 1mL，注射后 14d 产生免疫力。免疫期 1 年。

（2）布氏杆菌羊型 5 号苗　预防羊布氏杆菌病。羊群室内气雾免疫，按照室内空间计算，用量为 $5 \times 10^9$ 菌 $/m^3$，喷雾后停留 30min；也可将疫苗稀释成 $5 \times 10^9$ 菌 /mL，每只羊注射 $1 \times 10^9$ 菌。免疫期 1 年。

（3）布氏杆菌猪型 2 号弱毒苗　预防羊布氏杆菌病。羊的臀部肌内注射 0.5mL（含菌 $5 \times 10^9$）；阳性羊及 3 月龄以下的羔羊均不能注射。饮水免疫时，用量按每只服 $2 \times 10^{10}$ 菌体计算，两天内分 2 次饮服。免疫期 1 年。

（4）破伤风明矾类毒素　预防破伤风。颈部皮下注射 0.5mL。平时都是 1 年 1 次；遇到有羊受伤时，再用相同的剂量注射 1 次。若羊受伤严重，应同时在另一侧颈部皮下注射破伤风抗毒素，即可防止破伤风发生。该类毒素注射后 1 个月产生免疫力。免疫期 1 年。第 2 年再注射 1 次，免疫力可持续 4 年。

（5）破伤风抗毒素　供羊紧急预防破伤风之用。皮下或静脉注射，治疗时可重复注射 1 至数次。预防剂量：$1\times10^4 \sim 2\times10^4$IU；治疗量：$2\times10^4 \sim 5\times10^4$IU。免疫期 2 ～ 3 周。

（6）羊快疫、羊猝狙、羊肠毒血症三联苗　预防羊快疫、羊猝狙、羊肠毒血症。成年羊和羔羊一律皮下或肌内注射 5mL，注射后 14d 产生免疫力。免疫期 1 年。

（7）羔羊痢疾疫苗　预防羔羊痢疾。怀孕母羊分娩前 20 ～ 30d 第 1 次皮下注射 2mL；第 2 次于分娩后 10 ～ 20d 皮下注射 3mL。第 2 次注射后 10d 产生免疫力。免疫期 5 个月，经过乳汁可使羔羊获得母源抗体。

（8）羊黑疫、羊快疫混合苗　预防羊黑疫、羊快疫。氢氧化铝苗，羊不论大小，均皮下或肌内注射 3mL，注射后 14d 产生免疫力。免疫期 1 年。

（9）羔羊大肠杆菌病苗　预防羔羊大肠杆菌病。3 月龄至 1 岁的羊，皮下注射 2mL；3 月龄以下的羔羊，皮下注射 0.5 ～ 1mL。注射后 14d 产生免疫力。免疫期 6 个月。

（10）羊五联苗　预防羊快疫、羔羊痢疾、羊猝狙、羊肠毒血症和羊黑疫。羊不论大小均皮下或肌内注射 5mL，注射后 14d 产生免疫力。免疫期 6 个月。

（11）肉毒梭菌（C 型）苗　预防羊肉毒梭菌中毒症。皮下注射 5mL。免疫期 1 年。

（12）山羊传染性胸膜肺炎氢氧化铝苗　预防由丝状支原体引起的山羊传染性胸膜肺炎。皮下注射，6 月龄以下的山羊 3mL，6 月龄以上的山羊 5mL，注射后 14d 产生免疫力。免疫期 1 年。

（13）羊肺炎支原体氢氧化铝灭活苗　预防由肺炎支原体引起的传染性胸膜肺炎。颈侧皮下注射，成年羊 3mL，6 月龄以下的羊 2mL。免疫期 1 年半以上。

（14）羊痘鸡胚化弱毒疫苗　预防羊痘病。冻干苗按照瓶签上标注的疫苗量，用生理盐水做 25 倍稀释，振荡均匀；不论羊只大小，一律皮下注射 0.5mL，注射后 6d 产生免疫力。免疫期 1 年。

（15）狂犬病疫苗　预防狂犬病。皮下注射，羊 10 ～ 25mL。羊被病畜咬伤后，也可立即用本苗注射 1 ～ 2 次，两次间隔 3 ～ 5 个月，以作紧急预防。

（16）羊链球菌氢氧化铝苗　预防羊链球菌病。羊只不论大小，一律皮下注射3mL；3月龄以下的羔羊第1次注射后14～21d，再重复注射1次，剂量相同。注射后14～21d产生免疫力。免疫期6个月。

免疫接种必须按合理的免疫程序进行。各地区、各羊场可能发生的传染病不止一种，而可以预防这些传染病的疫苗性质又不尽相同，免疫期长短也不一样。因此，羊场往往需要多种疫苗来预防不同的疾病，也需要根据各种疫苗的免疫特性来合理安排免疫接种的次数和间隔时间，即免疫程序。目前国际上还没有一个统一的羊免疫程序，只能在实践中总结经验，制定出符合本地区、本羊场的免疫程序。如果羊场从来没有发生过这种传染病，就不必注射该疫苗。

对于肉羊来说，最为常用的疫苗有以下几种：口蹄疫疫苗，布氏杆菌病菌苗，羊痘疫苗，羊快疫、羊猝疽、羊肠毒血症三联苗，羊传染性脓疱（羊口疮）疫苗。这些疫苗（菌苗）的使用一定要严格遵照使用说明书。

## 五、做好消毒工作

消毒是贯彻"预防为主"方针的一项重要措施。其目的是消灭传染源散播到外界环境的病原微生物，切断传播途径，阻止疫病的继续蔓延。羊场应建立切实可行的消毒制度，定期对羊舍（含用具）、地面土壤、粪便、污水、皮毛等进行消毒。

### 1. 羊舍消毒

羊舍消毒一般分两个步骤进行：第1步进行机械清扫；第2步进行消毒液消毒。常用的消毒液有10%～20%的生石灰水和10%的漂白粉溶液等。消毒的方法是将消毒液配好后，盛于喷雾器内，对地面、墙壁、顶棚、门窗进行喷洒，最后再打开门窗通风；用清水洗刷饲槽、用具，使消毒液的药味除去。一般情况下，这样的消毒每年进行2次，安排在春、秋两季。产房的消毒，在产羔前应进行1次，产羔高峰时应进行多次，产羔结束后再进行1次。在羊场大门门口，羊舍、隔离舍的出入口处均应放置浸有消毒液的麻袋片或草垫；消毒液可用 2%～4% 氢氧化钠（对于病毒性疾病）或 10% 的克辽林溶液（见图 6-1）。

图 6-1 对肉羊育肥圈舍墙壁的消毒

### 2. 地面土壤消毒

土壤表面消毒可用含 2.5% 有效氯的漂白粉溶液、4% 福尔马林或 10% 氢氧化钠溶液。

### 3. 粪便消毒

羊的粪便消毒有多种方法，最实用的方法是生物热消毒法。即在羊场 100～200m 以外的地方设一个堆粪场，将羊粪堆积起来，上面覆盖 10cm 厚的沙土，堆放发酵 30d 左右，即可达到消毒作用，发酵后可作为肥料使用。

### 4. 污水消毒

污水消毒最常用的方法是将污水引入污水处理池，加入化学药品（如漂白粉或生石灰）进行消毒。消毒药的用量视污水量而定，一般 1L 污水用

2 ~ 5g 漂白粉。

### 5. 皮毛消毒

患口蹄疫、布氏杆菌病、羊痘病、坏死杆菌病、炭疽病等的羊皮毛均应消毒。目前皮毛消毒用得较多的是环氧乙烷气体消毒法。消毒必须在密闭的消毒室内进行。此法对于细菌、病毒、霉菌等都有良好的消毒效果，对于皮毛中的炭疽芽孢也有很好的消毒效果。

## 六、实施药物预防

羊场可能发生的疾病种类有很多，其中有些病目前已经研制出疫苗，还有不少的病目前还没有疫苗，因此用药物预防也是一项重要措施。常用的药物有磺胺类药物、抗生素和硝基呋喃类药。除了青霉素、链霉素等以外，大多是混于饮水或拌入饲料中口服。但长期使用化学药物预防，容易产生耐药性，影响药物的防治效果。因此，要经常进行药敏试验，更换药物种类，选择最有效的药物用于防治。

## 七、定期组织驱虫

为了预防羊的寄生虫病，应在育肥之前用药物给羊群进行 1 次预防性驱虫。

预防性驱虫所用的药物有多种，应视病情的流行情况而定。丙硫苯咪唑具有高效、低毒、广谱的优点，对于羊常见的胃肠道线虫、肺线虫、肝片吸虫和绦虫均有效，可同时驱除混合感染的多种寄生虫，是较理想的驱虫药物。

使用驱虫药物时，要求剂量准确，并且要先做小群驱虫试验，取得经验后再全群驱虫。驱虫过程中发现病羊，应进行对症治疗，及时解救中毒的羊。

药浴是防治羊体外寄生虫病，特别是螨、蜱、虱子、跳蚤等的有效措施，多在剪毛后 10d 进行。药浴液可用 1% 敌百虫溶液或敌虫菊酯

80 ~ 200μL/L、溴氰菊酯 50 ~ 80μL/L，也可以用石硫合剂。药浴可以在药浴池内进行，也可以选择淋浴，或者人工抓羊在大盆（缸）中逐只进行盆（缸）浴。

## 八、预防毒物中毒

某种物质进入机体后，在组织与器官内发生化学或物理的作用，引起机体功能性或器质性病理变化，甚至造成死亡，此物质称为毒物。由毒物引起的疾病称为中毒。

### 1. 预防中毒的措施

① 不喂有毒植物的茎、叶、果实、种子。

② 不喂霉败的饲料。饲料要贮存在干燥、通风的地方；饲喂前要仔细检查，如果发霉变质，应舍弃不用。

③ 注意饲料的调制和搭配及贮存。如棉籽饼经过高温处理后可以减轻毒性，减毒后再按一定的比例同其他饲料混合搭配饲喂，就不会发生中毒。有些饲料如马铃薯贮存不当（如发芽），其中的有毒物质会大量增加，对羊有害，因此马铃薯要贮存在避光的地方，防止变青发芽。

④ 妥善保管农药和化肥。一定要把农药和化肥存放在仓库内，被污染的用具或容器应消毒处理后再使用。

### 2. 羊发生中毒后的急救

羊发生中毒后，先要查明原因，然后才能紧急救治。一般的原则如下：

（1）除去毒物　有毒物质如果经口摄入，初期可用胃管洗胃，用温水反复冲洗，以排出胃内容物。在洗胃水中加入一定数量的活性炭，可以提高洗胃效果。如果中毒发生的时间比较长，大部分毒物已经进入肠道时，应灌服泻剂，一般用盐类泻剂（如硫酸钠、硫酸镁），内服。在泻剂中加入活性炭，也有利于吸附毒物，效果更好。也可以用清水或肥皂水反复深部灌肠。对于已经吸收入血液的毒物，可以从静脉放血，放血后随即静脉输入相应剂量的 5% 葡萄糖生理盐水或复方氯化钠注射液，有较好的效果。

大多数毒物可经肾脏排泄，所以利尿对于排毒有一定的效果，可用利尿剂促进尿液排出。

（2）应用解毒剂　在毒物性质未确定之前，可以使用通用解毒剂。通用解毒剂配方是：活性炭或木炭末2份、氧化镁1份、鞣酸1份，混合均匀，内服20～30g。该配方兼有吸附、氧化、沉淀3种作用，对于一般毒物都有解毒作用。如果毒物性质已经确定，则可有针对性地使用中和解毒药（如酸类中毒服碳酸氢钠、石灰水等；碱类中毒内服醋等）、沉淀解毒药（如2%～4%鞣酸或浓茶，用于生物碱或重金属中毒）、氧化解毒药（如静脉注射1%美兰，每千克体重1mL，用于含生物碱类的毒草中毒）或特效解毒药（如解磷定只是对有机磷中毒有解毒作用，而对其他毒物无效）。

（3）对症治疗　心脏衰弱时，可用强心剂；呼吸功能衰竭时，使用呼吸中枢兴奋剂；病羊不安时，使用镇静剂；为了增强肝脏解毒功能，可大量输液。

## 九、发生传染病时采取的紧急措施

图6-2　发生重大疫情时的严格消毒措施

育肥羊群发生传染病时，应立即采取一系列措施，就地扑灭，以防止疫情扩大。兽医人员要立即上报疫情；同时立即将病羊与健康羊隔离，不让它们再有任何接触，以防健康羊受到传染；对于发病前与病羊有过接触的羊（可疑感染者），虽然在外表看不出有病，但有被传染的嫌疑，不能再同其他健康羊在一起饲养，必须单独圈养，经过20d以上的观察未发病，才能与健康羊混群；如有出现病状的羊，则按照病羊处理。对于已经隔离的羊，要及时进行药物治疗；隔离场所禁止人、畜出入和接近，工作人员出入应遵守消毒制度；隔离区内的用具、饲料、粪便等，未经过彻底消毒，不得运出；没有治疗价值的病羊，要进行扑杀，尸体要严格处理，视具体情况，焚烧或深埋，不得随意丢弃。对于健康羊和疑似感染羊，要进行疫苗紧急接种或用药物进行预防性治疗。如发生口蹄疫、羊痘病等急性、烈性传染病时，应立即报告上一级有关部门，划定疫区，采取严格的隔离封锁措施，并组织力量尽快扑灭（见图6-2）。

## 第二节　羊病的诊断及给药方法

羊对于疾病的抵抗力比较强，用老百姓的话说"羊非常皮实"，很少得病。再者，羊病初期症状往往表现不明显，不易被及时发现。一旦被发现，往往病情已经比较严重了。因此，饲养人员要经常细心观察羊群，以便及时发现病羊，及早治疗，以免耽误病情，造成重大损失。

### 一、临床诊断技术

临床诊断技术是诊断羊病最常用的方法。通过将问诊、视诊、触诊、听诊、叩诊和嗅诊综合起来加以分析，往往可以对疾病做出正确的诊断或为进一步确诊提供依据。

#### 1. 问诊

问诊是通过询问饲养人员，了解羊发病的有关情况。询问的内容一般包括：发病时间、发病只数、异常表现、以往的病史、治疗情况、免疫接种情况、饲养管理情况、羊的年龄、性别等。但在听取其回答后，还应考虑所谈的情况与当事人的利害关系（责任），分析其可靠性。

## 2. 视诊

视诊是观察病羊的表现。视诊时，最好先从距离病羊几步远的地方，观察羊的肥瘦、姿势、步态等情况，然后靠近病羊详细观察，看被毛和皮肤、黏膜、排粪、排尿、呼吸等情况。

（1）肥瘦　一般急性病，如急性臌胀、急性炭疽等，病羊身体仍然肥壮；相反，一般慢性病，如寄生虫病等，病羊身体多为瘦弱。

（2）姿势　观察病羊的一举一动是否与平时相同，如果不同，就可能是有病的表现。有些病表现出特殊姿势，如破伤风表现为四肢僵硬，行走不便、不灵活。

（3）步态　一般健康羊步行活泼而稳定。如果羊患病，常表现行动不稳、不喜欢行走。当羊的四肢肌肉、关节或蹄部发生疾病时，则表现为跛行。

（4）被毛和皮肤　健康羊的被毛平整不易脱落，富有光泽。在病理状态下，被毛粗乱蓬松，失去光泽，而且容易脱落。患有螨病的羊，患部被毛可能成片脱落，同时皮肤变厚变硬，出现蹭痒和擦伤。在检查皮肤时，除了要注意皮肤的颜色外，还要注意有无水肿、炎性肿胀、外伤以及皮肤是否温热等。

（5）黏膜　一般健康羊的眼结膜，鼻腔、口腔、阴道和肛门黏膜呈光滑粉红色。如口腔黏膜发红，多半是由于体温升高，身体上有发炎的地方。黏膜发红并带有红点、血丝或呈紫色，是由于严重的中毒或传染病引起的。黏膜呈苍白色，多为患贫血症；呈黄色，多为患黄疸病；呈蓝色，多为肺脏、心脏患病。

（6）吃食、饮水、口腔、排粪、排尿　羊吃食和饮水突然增多或减少，以及喜欢舔食泥土、吃草根等，也是有病的表现，可能是慢性营养不良。反刍减少、反刍无力或停止，表示羊的前胃有病。羊口腔有病变时，如咽喉炎、口腔溃疡、舌头有烂伤等，打开口腔就可看出来。羊的排粪也要检查，主要检查粪便的形状、硬度、色泽以及附着物等。正常时，羊粪呈小球形，没有难闻的臭味。病理状态下，粪便有特殊臭味，见于各类型肠炎；粪便过于干燥，多为缺水和肠迟缓；粪便过于稀薄，多为肠功能亢进；前部肠管出血，粪便呈褐色，后部肠管出血，粪便呈鲜红色；粪便内含有大量的黏液，表示肠黏膜有卡他（音译：向下流"）性炎症；粪便内混有完整的谷粒和很粗的纤维，表示消化不良；混有纤维素膜时，表示为纤维素肠炎；混有寄生虫及其节片时，表示体内有寄生虫。排尿方面，正常羊每天排尿 3～4 次。排尿次数和尿量过多或过少，以及排尿痛苦、失禁，多是肾脏或尿道有病的表现。

（7）呼吸　羊正常的呼吸频率为 12～20 次 /min。呼吸次数增多，见于热性病、呼吸系统疾病、心脏衰弱以及贫血、腹压增高等；呼吸次数减少，主要见于某些中毒病、代谢障碍、昏迷。另外，还要检查呼吸类型、呼吸节律以及呼吸是否困难。

### 3. 嗅诊

诊断羊病时，嗅闻分泌物、排泄物、呼出的气体以及口腔中气味也很重要。如肺坏疽时，鼻液带有腐败性恶臭；胃肠炎时，粪便腥臭或恶臭；消化不良时，可以从呼出的气体中闻到酸臭味。

### 4. 触诊

触诊是用手指或手指尖感触被检查的部位，并稍加用力，以便确定被检查部位的器官、组织是否正常。触诊常用如下几种方法：

（1）皮肤检查　主要检查皮肤的弹性、温度，有无肿胀和伤口等。羊的营养不好或有皮肤病时，皮肤就没有弹性。发烧时，皮肤的温度会升高。

（2）体温检查　一般用手摸耳朵或把手由嘴角插进去握住舌头，可以知道病羊是否发烧。但最准确的方法是用体温计测量体温。在给羊测体温时，先把体温计的水银柱甩下去，涂上油或水以后，再慢慢插入肛门，体温计的 1/3 留在肛门的外面，插入后滞留的时间一般为 2～5min。羊的正常体温是 38～40℃，羔羊的比成年羊高一些，热天比冷天高一些，运动后比运动前高一些，这都是正常的生理现象。如果高于正常体温，则为发热，常见于传染病。

（3）脉搏检查　检查时注意每分钟跳动的次数和强弱等。检查羊的脉搏是用手指摸后肢股内侧动脉。健康羊脉搏跳动次数为 70～80 次 /

min。羊有病时，脉搏的跳动次数和强弱都与正常值不同。

（4）体表淋巴结检查　注意检查颌下、肩上、膝上、乳房淋巴结等。当羊发生结核病、伪结核病、羊链球菌病时，体表淋巴结往往会肿大，其形状、硬度、温度、敏感性以及活动性等也会发生变化。

（5）人工诱咳　检查者站在羊的左侧，用右手捏压气管的前3个软骨环，羊有病时，就容易引起咳嗽。羊发生肺炎、胸膜炎、结核病时，咳嗽低、弱；发生喉炎以及支气管炎时，则咳嗽强而有力。

### 5. 听诊

听诊是用听觉来判断羊体内正常的和有病的声音。最常用的听诊部位是胸部（心、肺）和腹部（胃、肠）。听诊方式有直接听诊和间接听诊两种。直接听诊就是将一块布铺在被检查的部位，然后把耳朵紧贴在布上面，直接听羊体内的声音；间接听诊就是用器械——听诊器进行听诊。不论哪一种听诊方式，都应该把病羊牵到安静的地方，以免受到外界杂音的干扰。

（1）心脏听诊　心脏跳动的声音，正常时可听到"嘣～咚"两个交替发出的声音。"嘣"音是心脏收缩时所发出的声音，其特点是低、钝、长、间隔的时间短，叫作第一心音。"咚"音是心脏舒张时所发出的声音，其特点是高、锐、短，间隔的时间长，叫作第二心音。第一、第二心音均减弱时，见于心脏机能障碍的后期或患有渗出性胸膜炎、心包炎；第一、第二心音都增强时，见于热性病的初期；第一心音增强、第二心音减弱时，主要见于心脏衰弱的后期；在正常心音之外还有其他杂音，多数是瓣膜疾病、创伤性心包炎、胸膜炎。

（2）肺脏听诊　肺脏听诊是听取肺脏在吸入和呼出空气时，由于肺脏振动而产生的声音。

① 肺泡呼吸音：健康羊吸气时，从肺部可听到"夫"的声音；呼气时，可以听到"呼"的声音，这称为肺泡呼吸音。肺泡呼吸音过强，多为支气管炎、黏膜肿胀等；过弱，多为肺泡肿胀、肺泡气肿、渗出性胸膜炎等。

② 支气管呼吸音：空气通过喉头狭窄部位所发出的声音，类似于"赫、赫"的声音。如果在肺部听到这种声音，多为肺炎的肝变期，见于羊的传

染性胸膜肺炎。

③ 啰音：支气管发炎时，气管内有分泌物，分泌物被呼吸的气体冲击而发出的声音。啰音可分为干啰音和湿啰音两种。干啰音有咝咝声、笛声、口哨声以及猫鸣声等，多见于慢性支气管炎、慢性肺气肿、肺结核等。湿啰音有含漱音、沸腾音、水疱破裂音，多见于肺水肿、肺充血、肺出血、慢性肺炎等。

④ 捻发音：这种声音像是用手指捻毛发所发出的声音，多见于慢性肺炎、肺水肿等。

⑤ 摩擦音：摩擦音有两种，一种是胸膜摩擦音，这种声音类似于一只手贴在耳朵上，用另一只手的手指轻轻摩擦贴耳朵手的手背所发出的声音，多为纤维素性胸膜炎、胸膜结核等；另一种是心包摩擦音，当发生纤维素性心包炎时，心包的两叶失去润滑性，因而伴随着心脏的跳动，两叶相互摩擦而发出杂音。

（3）腹部听诊　腹部听诊主要听取胃、肠运动的声音。健康的羊只，在左肷窝可听到瘤胃蠕动音，呈现逐渐增强又逐渐减弱的"沙沙"声，3～6次/min。羊的前胃弛缓、患热性病时，瘤胃蠕动音减弱或消失。羊的肠音，类似于流水音或漱口音，正常时较弱。在羊患肠炎初期，肠音亢进；便秘时，肠音减弱或消失。

### 6. 叩诊

叩诊是用手指或叩诊锤来叩打羊的体表部位或放于体表的垫着物（如手指或垫板），借助所发出的声音来判断羊身体的活动状态。

羊叩诊的方法是将左手食指或中指平放在要检查的部位，右手中指由第二指关节（呈直角弯曲），向左手食指或中指的第二指关节上敲打。

叩诊的声音有清音、浊音、半浊音、鼓音。清音如同是叩打在健康羊胸廓所发出的持续、高而清的音。浊音，为健康状态下，叩打羊的臀部以及肩部肌肉时所发出的声音。在病理状态下，当羊的胸腔积聚大量的渗出液，叩打胸壁时出现水平浊音界。半浊音是叩打含有少量气体的组织，如肺的边缘所发出的声音，羊患支气管肺炎时，叩诊的声音就呈半浊音。鼓音，如叩打左侧瘤胃处，发出鼓音，若瘤胃臌气，则鼓音增强。

## 二、羊的给药方法

羊的给药方法有多种，应根据病情、药性、羊的体重大小等，选择适当的给药方法。

### 1. 口服法

（1）自行采食　多用于大群羊的预防性治疗或驱虫。将药物按照一定的比例拌入饲料或饮水中，任羊自行采食或饮用。大群用药前，最好先做小批的毒性及药效试验。

（2）长径瓶给药　当给羊灌服稀药液时，可以将药液倒入细长口径的胶皮瓶、塑料瓶、饮料瓶中，抬高羊的嘴巴，给药者右手拿药液瓶，左手把食指、中指自羊的口角伸入羊的口中，轻轻压迫舌头，羊口即张开；然后，右手将药液瓶口从左口角伸入羊口中，并将左手抽出，待瓶口伸到舌头中段，即抬高瓶底，将药液灌入。

（3）药板给药　药板给药专用于舔服剂。药板的材质是竹子或木头，长约30cm、宽约3cm、厚约3cm，表面需光滑没有棱角。给药者站在羊的右侧，左手将开口器放入羊的口中，右手持药板，用药板前部抹取药物，从右口角伸入口内到达舌根部，将药板翻转，轻轻按压，并向后抽出，把药抹在羊的舌根部，待羊咽下后，再抹第2次。如此反复，直到把药给完。

### 2. 灌肠法

灌肠法就是将药液配成液体，直接灌入直肠内。也可以用小橡皮管灌肠。方法是先将直肠内的粪便清除，然后在橡皮管的前端涂上凡士林，插入直肠，把橡皮管的盛药部分抬高，使其超过羊的背部。灌肠完毕后，拔出橡皮管，用手压住肛门或拍打尾根部，以防药物排出。灌肠药液的温度，应与体温一致。

### 3. 胃管法

羊插胃管的方法有两种：一是经鼻腔插入；二是经口腔插入。

（1）经鼻腔插入　先将胃管插入鼻孔，沿着下鼻道慢慢送入，到达咽部时，有阻挡感觉，待羊进行吞咽动作时趁机送入食道；如不吞咽，可轻轻来回抽动胃管，诱发吞咽。胃管通过咽部后，如进入食道，继续深送感到稍有阻力，这时要向胃管内用力吹气或用橡皮球打气，如果见到左侧颈沟有起伏，表示胃管已经进入食道。如果胃管误入气管，多数羊会表现不安、咳嗽，继续深送毫无阻力，向胃管内吹气，左侧颈沟看不见波动，用手在左侧颈沟胸腔入口处摸不到胃管，同时，胃管末端有与呼吸相一致的气流出现。如胃管已经进入食道，继续深送，即可到达胃内，此时可从胃管内排出酸臭的气体，将胃管放低时则流出胃内容物。

（2）经口腔插入　先装好木质开口器，用绳子固定在羊的头部，将胃管通过木质开口器的中间孔，沿着上腭直插入咽部，借助吞咽动作胃管可顺利进入食道，继续深送，即可到达胃内。

### 4. 注射法

注射法是在实际中最为常用的方法。注射法就是将灭过菌的液体药物，用注射器注入羊的体内。注射前，要将注射器、针头用清水洗净，煮沸 30min。注射器吸入药液后要直立，推进注射器活塞，排出针管及针头内的气泡，再用酒精棉花包住针头，准备注射。

（1）皮下注射　皮下注射是把药液注射到皮肤和肌肉之间。羊的注射部位是在颈部或股内侧皮肤松软处。注射时，先将注射部位的羊毛剪净，涂上碘酒，用左手捏起注射部位的皮肤，右手持注射器将针头斜向刺入皮肤，如果针头能左右自由活动，说明注射的部位正确，确实是皮下部位，即可注入药液；注射完之后，拔出针头，在注射部位涂抹碘酒。凡是易于溶解的药物、无刺激性的药物及某些种类的疫苗等，均可进行皮下注射。

（2）肌内注射　肌内注射是将灭菌的药液注入肌肉比较多的部位。羊的肌内注射部位是颈部；注射方法基本上与皮下注射相同，不同之处是注射时以左手拇指、食指成"八"字形压住要注射部位的肌肉，右手持注射器针头，向肌肉组织内垂直刺入，即可注药。一般刺激性小、吸收缓慢的药液，如青霉素等，均可采用肌内注射（见图6-3）。

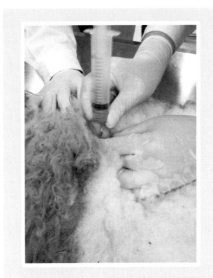

图 6-3　羊的颈部肌内注射给药

（3）静脉注射　静脉注射是将经过灭菌的药液直接注射到静脉内，使得药液随着血液很快分布全身，迅速发挥药效。羊的注射部位是颈静脉。注入的方法是先用左手按压颈静脉的近心端，使其怒张，右手持注射器，将针头向上刺入静脉内，如果有血液回流，就表示已经插入静脉内，然后用右手推动活塞，将药液注入；药液注射完毕后，左手按住刺入孔，右手拔针，在注射处涂擦碘酒即可。如果药液的量大，也可以使用静脉输液器。凡是输液（如生理盐水、葡萄糖溶液等），以及药物刺激性大，不适宜采用皮下和肌内注射的药物（如"914"、氯化钙等），多采用静脉注射。

（4）气管注射　气管注射是将药液直接注入气管内。注射时，多采用侧卧保定，且头部高、臀部低，将针头穿过气管软骨环之间，垂直刺入，摇动针头，若感到针头已经进入气管，接上注射器，抽动活塞，见有气泡，即可将药液缓缓注入。如欲使药液流入两侧肺中，则应注射两次，第 2 次注射时，需要将羊翻转，卧于另一侧。该方法适用于治疗气管、支气管和肺部疾病，也常用于肺部驱虫（如羊肺线虫病）。

（5）羊瘤胃穿刺术　当羊发生瘤胃臌气时，可采用此方法。穿刺的部位是在左肷窝中央臌气最高的部位。其方法是先局部剪毛，用碘酒涂擦消毒，将皮肤稍稍向上推移，然后将套管针或普通针头垂直地或朝右侧肘头方向刺入皮肤以及瘤胃壁，气体即从针头排出；然后，用左手的手指压紧皮肤，右手迅速拔出套管针或普通针头，穿刺孔用碘酒涂擦消毒。必要时可从套管针孔注入防腐剂。

# 第七章

# 肉羊的常见疾病

# 第一节 肉羊常见的传染病

## 一、口蹄疫

口蹄疫是偶蹄兽的一种急性、热性、高度接触性传染病（我国以前称为"5号病"），俗称"烂舌病""口疮""蹄癀""脱靴症"。山羊、绵羊共患，人也可感染。以羊在口腔黏膜、蹄部及乳房上发生水疱和烂斑为主要临床特征。世界很多国家都有本病的流行，给养殖业带来很大的损失。本病被世界动物卫生组织（OIE）列为A类传染病之一。

### 1. 口蹄疫的发生和传播

口蹄疫的病原体为口蹄疫病毒。存在于羊体内，属于RNA型病毒。病毒对外界环境的抵抗力很强，不怕干燥，在自然条件下，含病毒的组织和被污染的饲料、饲草、皮毛及土壤等可保持传染性达数周至数月之久。

病毒大量存在于水疱皮和水疱液中。病羊和潜伏期带毒羊是主要传染源，痊愈的羊可带毒4～12个月。在发病期，病羊的奶、尿、唾液、眼泪、粪便中均含有病毒，且以发病头几天传染性最强，康复羊特别是羊的咽腔中可较长时期带毒。如果羊症状轻，容易被忽视，可以成为羊群中长期带毒的传染源。

本病的传播途径较多，可经消化道、呼吸道以及受损伤的黏膜、皮肤传染，也可以经精液传播。人的创伤处接触病羊的唾液、水疱液可能被感染。病毒还可通过草料、衣物、交通工具、饲养管理用具、空气（风）等无生命的媒介物传播，常可顺风传播50～100km。也可通过犬、猫、禽、鸟、鼠等动物和人作为传播媒介，将其带到几公里乃至几百公里之外而引起新流行。

## 2. 诊断要点

【流行特点】 口蹄疫能侵害多种动物，但主要侵害偶蹄兽。本病的发病季节因地而异，牧区的流行一般是秋末开始，冬季加剧，春季减轻，夏季平息。但在农区这种季节性表现很不明显。本病传播猛烈，流行广泛，一旦发生，常呈流行性，甚至呈暴发式，如果防疫措施有力，亦可呈地方流行性。

【临床症状】 潜伏期1周左右，平均为3d。山羊的病变比绵羊多，症状表现为病初体温升高至40～41℃，精神委顿，食欲减退，闭口流涎，跛行。绵羊多在口膜上发生水疱，山羊常有弥漫性口膜炎。1～2d后唇内面、齿龈、舌面和颊黏膜发生水疱，不久水疱破溃，形成边缘不整齐的红色烂斑。与此同时或稍后，趾间及蹄冠皮肤表现热、肿、痛，继而发生水疱、烂斑，水疱多在腭部和舌面，蹄部水疱较小，奶羊有时乳头上也有病变。羔羊常发生出血性肠炎，也可能发生心肌炎而死亡。病羊跛行，水疱破溃后，体温下降，全身症状好转。如果蹄部继发细菌感染，局部化脓坏死，会使病程延长，甚至蹄匣脱落。乳头部位皮肤有时也可出现水疱、烂斑（见图7-1～图7-5）。

【病理剖检】 主要病变是在口腔黏膜、乳房、蹄部等皮肤薄的部位，

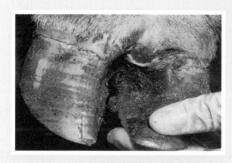

图7-1　羊口蹄疫蹄部溃疡烂斑

图7-2　羊口蹄疫病羊唇部的皮肤病变
初期皮肤出现红斑，很快形成丘疹，少数形成脓疱；然后逐渐结痂，痂皮逐渐增厚、干燥；最后痂皮脱落而痊愈

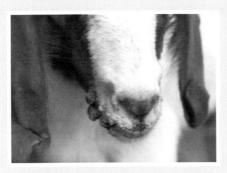

图7-3 羊口蹄疫严重病例

痂皮融合、皲裂，痂皮下肉芽组织增生，唇部肿胀

图7-4 羊口蹄疫口腔病变

病变常常出现在齿龈（圈内所示）、舌部及腭部黏膜，有肉芽组织增生或浅层坏死灶，病变部位被红晕围绕

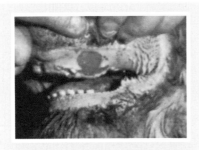

图7-5 羊口蹄疫病羊上嘴唇黏膜面的烂斑、溃疡

严重的可在咽喉、气管、食管和前胃黏膜上见到圆形的水疱和烂斑，上面覆盖黑棕色痂块。在幼畜，主要是心肌炎变化。具有诊断意义的是心肌切面上有不规则的灰红色或黄色至灰白色斑纹或不规则斑点（"虎斑心"）。

【实验室检查】 口蹄疫病毒具有多型性，故口蹄疫实验室诊断不仅要确定其病性，而且要鉴定病毒类型。应无菌操作，采取病畜的水疱皮和水疱液或者发热时的血液，或者恢复期的血清，由专人送往有关检验部门检验。

## 3. 防治措施

平时主要积极做好防疫工作，不要从疫区购买羊只，必须购买时要加强检疫，认真做好定期的预防注射。发生口蹄疫后，要严格执行封锁、隔离、消毒、紧急预防接种、治疗等综合性防治措施。通常按疫区地理位置采取环形免疫法，由外向内开展防疫工作，以防疫情扩大。疫苗接种前，必须弄清当地或附近的口蹄疫病毒型，然后用相同病毒型的疫苗接种。常发的地区应定期接种口蹄疫弱毒苗，目前有甲、乙两型弱毒疫苗，必要时两型同时注射。病羊粪便、残余饲料、垫草应烧毁或运至指定地点堆积发酵。

口蹄疫轻症病羊经过10d左右都能自愈，但是为了缩短病程，防止继发感染，应在隔离的条件下，及时治疗。对于口腔病变，用清水、食醋、0.1%明矾溶液或碘甘油洒布，也可用冰硼散（冰片150g、硼砂1500g、芒硝180g，共研末）撒布。对于蹄部病变，用3%来苏儿溶液清洗蹄部，涂擦龙胆紫溶液、碘甘油或碘酊，用绷带包扎。对于乳房病变，可以用肥皂水或2%～3%硼酸水清洗，然后涂以氧化锌鱼肝油软膏。除局部治疗外，还可用安钠咖等强心剂。好的品种，有条件者，可用口蹄疫高免血清治疗，剂量为每千克体重1～2mg，效果更好。

我国规定发病后及时报告，立即扑杀，不允许进行治疗。一旦发生本病，应本着早、快、严、小的方针，采取扑杀、封锁、隔离、消毒，来往的车辆也要进行消毒处理见图7-6。对疫区内和受威胁区的健康羊进行紧急预防注射等措施。对疫区的羊只进行焚烧填埋处理（见图7-7）。

图7-6　羊口蹄疫
发生疫情后，对出入疫区的车辆进行消毒

图7-7　羊口蹄疫
病羊就地扑杀，尸体进行无害化处理

## 二、羊布氏杆菌病

羊布氏杆菌病（布鲁杆菌病）简称布病，也称为"波浪热""懒汉病""蔫巴病""千日病"。本病是由布鲁杆菌引起的急性或慢性人畜共患传染病，属自然疫源性疾病。本病主要侵害生殖系统，临床上主要表现为病情轻重不一的发热、多汗、关节痛等。羊布病以生殖系统发炎、流产、不孕、睾丸炎、关节炎等为主要特征。人的布病则表现为全身无力，活动受限，波浪热，多汗，关节痛，神经痛和肝、脾肿大等。与病羊有接触的人群常发。

### 1. 布病的发生和传播

病原为布氏杆菌，呈球杆状，革兰阴性，无鞭毛，不形成芽孢，在多数情况下不形成荚膜。布氏杆菌有 6 个种，其中羊主要感染的是羊布氏杆菌，但对其他 5 种布氏杆菌也可感染。本菌对干燥和寒冷抵抗力较强，在土壤和水中可存活 1～4 个月，在肉、乳类食品中能存活 2 个月左右，在粪便中可存活 45d，在衣服和皮毛上可存活 150d。对热敏感，75℃ 5min 即死，100℃立即死亡。一般常用消毒药在数分钟内即可将其杀死。

病原体主要存在于传染源体内的分泌物、排泄物中，随乳汁、精液、脓汁、子宫和阴道分泌物、流产胎儿、胎衣、羊水排出体外，污染饲料、饮水、用具及牧地环境等。经消化道、呼吸道、皮肤黏膜或眼结膜、生殖道而传染。羊性成熟后对本病极为易感。羊群一旦感染本病，先表现为孕羊流产，开始仅仅为少数，以后逐渐增多，严重的时候可达半数以上，多数羊只是流产 1 次。吸血害虫（蜱）可成为传播媒介。

### 2. 诊断要点

【流行特点】 本病无季节性，但以春季产羔季节较多发生。一般母羊比公羊多发、成年羊比幼年羊多发。初孕羊多见流产，经产羊流产较少。在老疫群中发生流产的较少，但发生子宫炎、乳房炎、胎停滞、久配不孕、关节炎的较多。饲养管理不良，缺乏维生素和无机盐，以及使动物机体抵抗力降低的各种因素，均可促进本病的发生和流行。由于发生流产的病因很多，而该病的流行特点、临床症状和病理变化都无明显特征，同时隐性感染较多，因此确诊要依靠实验室检查。

【临床症状】 一般情况下，绵羊、山羊患此病后，不表现全身症状，为隐性感染。怀孕母羊发生流产是本病的主要症状，但不是必有症状。妊娠羊流产多在妊娠 80～110d，而且以初配母羊流产为多，山羊可达

50%~80%，绵羊可达10%。流产母羊从阴户流出黄色黏液，流产15d之内，仍有体温升高及阴户流出分泌物的症状。少数流产母羊的胎衣不下，继发子宫内膜炎、关节炎、关节水肿、乳房炎、乳房硬肿，严重者造成不孕。公羊呈现睾丸炎、睾丸肿大、精索炎、关节炎和滑液囊炎等，表现跛行，并失去配种能力（见图7-8、图7-9）。

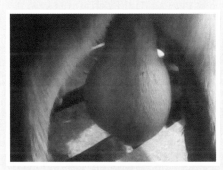

图7-8　公羊布氏杆菌病的睾丸肿大　　图7-9　羊布氏杆菌病导致病羊阴囊
　　　　　症状　　　　　　　　　　　　　　　　　肿胀，睾丸下垂，行走困难

【病理剖检】　主要病变在胎盘和胎儿，胎盘呈淡黄色胶样浸润，表面附有糠麸样絮状物和脓汁，胎膜增厚，有出血点。胎儿胃内有黏液性絮状物，胎腔积液，淋巴结和脾脏肿大。公羊出现睾丸炎、睾丸肿大、精索炎等病理变化（见图7-10、图7-11）。

【实验室检查】　动物感染布氏杆菌后1周左右，血液中即出现凝集素，随后凝集素滴度逐渐升高，凝集反应（平板法及试管法两种）是诊断布病常用的一种血清学方法。

### 3. 防治措施

本病无治疗价值，一般不进行治疗。

未发生过本病的地区，坚持自繁自养的方针，不从疫区引进家畜和畜产品及饲料。如果一定要引入的，要先隔离2个月，检疫后，健康者方可引进并混群。非安全区每年要用凝集反应、变态反应定期进行两次检疫，

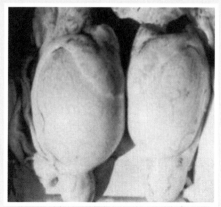

图 7-10　羊布氏杆菌病导致母羊流产产下的羔羊

图 7-11　羊布氏杆菌病导致公羊的睾丸肿大，精索肿胀，阴囊总鞘膜腔积水（总鞘膜腔内的积水已经排出）

发现带菌者和病畜，进行隔离和淘汰，肉经过高温处理后可以食用。严格隔离病羊，流产胎儿、胎衣、羊水及分泌物和排泄物等要深埋或焚烧处理，污染的圈舍、运动场及用具等要用 10% 石灰水、2% 热碱水、5% 来苏儿或 10% 漂白粉液等彻底消毒。粪便发酵处理，乳汁及乳制品等可采用巴氏消毒法灭菌或经煮沸处理，病畜的皮革经 5% 来苏儿浸泡 24h 后可利用。种公畜配种前要严格检疫，健康者方可配种。

目前我国使用的布病菌苗为猪型 2 号菌苗，其免疫方法是：第 1 年对全群羊只做预防接种（以后每年仅对幼畜接种菌苗），之后每隔 1 年接种 1 次，直到达到国家规定的控制标准时，才停止接种菌苗。全群动物连续接种菌苗 2～3 年后，不再接种，应加强检疫和淘汰病畜，当发现仍有布病时，应继续接种菌苗。方法是把该菌苗放在水槽内，让羊饮水免疫，饮水前要根据天气情况让羊停止饮水 1d 或半天，也可分两次饮用。

免疫还可以用冻干布氏杆菌羊型 5 号菌苗，每只羊皮下注射 1mL，免疫期一年。

病畜可选用链霉素、四环素、土霉素、氯霉素、庆大霉素和磺胺类药等进行治疗，同时对流产母羊发生的子宫内膜炎、关节炎，公畜睾丸炎等应做局部处理，对症治疗。

# 三、羊痘

羊痘又称为"羊天花"或"羊出花"，山羊痘是家畜痘病中最严重的一种，是急性接触性传染病，侵害绵羊的叫绵羊痘，侵害山羊的叫山羊痘。绵羊和山羊互相不传染，绵羊比山羊更容易感染。以在皮肤和黏膜上发生特异的痘疹为特征。羊痘发生于许多地区，特别是在亚欧、中东和北非，我国也存在本病。羊痘传播快、流行广泛、发病率高，妊娠羊易引起流产，经常造成严重的经济损失。

## 1. 羊痘的发生和传播

本病是由痘病毒引起的，该病毒在痘浆内含量多。抵抗力比较强，在干燥痘浆或痂皮内能存活数年。该病毒耐冷不耐热，紫外线或直射阳光可将其直接杀死，0.5%福尔马林、3%石炭酸、0.01%碘溶液可在数分钟内将其杀死。

病羊和病愈带毒的羊是传染源。主要通过污染的空气经呼吸道感染，也可通过损伤的皮肤和黏膜侵入机体。饲养管理人员、护理用具、皮毛产品、饲料垫草和外寄生虫等均可成为传播的媒介。病愈的羊能获得终生免疫。

## 2. 诊断要点

【流行特点】 所有品种、性别和年龄的羊均可感染，但细毛羊和纯种羊易感性大，病情也较重，传播也快；羔羊较成年羊敏感，病死率也高。本病主要流行于冬末春初。气候严寒、雨雪、喂霜冻饲草和饲养管理不良等因素都可促进发病和加重病情。

【临床症状】 潜伏期 6 ~ 8d，病羊体温升高到 41 ~ 42℃，呼吸、脉搏加快，结膜潮红肿胀，流黏液性鼻液，鼻腔有浆液性分泌物。偶有咳嗽，眼肿胀，眼结膜充血，有浆液性分泌物。持续 1 ~ 4d 后，即出现痘疹，显示本病的典型症状。痘疹多发于无毛或少毛部位，如眼睛、唇、鼻、外生殖器、乳房、腿内侧、腹部等。开始时为红斑，1 ~ 2d 后形成丘疹，呈球状突出于皮肤表面。指压褪色，逐渐变为水疱，内有清亮黄白色的液体。中央常常下陷呈脐状（痘脐）。水疱经过 2 ~ 5d 变为脓疱，如果没有继发感染，则在几天内逐渐干燥，形成棕色痂皮，痂皮下生长新的上皮组织而愈合，病程为 2 ~ 3 周。羊痘对成年羊危害较轻，死亡率为 1% ~ 2%，而患病的羔羊死亡率则很高（见图 7-12 ~ 图 7-14）。

【病理剖检】 根据典型的发病经过、临床症状，结合流行特点可以做出诊断。但对非典型经过的病羊，为了确诊，可采取痘疹组织涂片，送兽医检验部门检验，如在涂片的细胞胞浆内发现大量深褐色球菌样圆形原生小体，便可确诊为羊痘。必要时可进行动物接种试验或病毒分离鉴定。

### 3. 防治措施

平时加强饲养管理，注意羊圈清洁卫生、干燥。新购入的羊

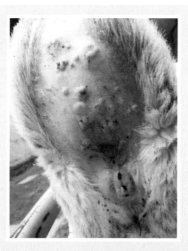

图 7-12　羊痘病病羊腹部皮肤病变

病羊腹部皮肤表面的红斑，后期形成丘疹，突出于皮肤表面，逐渐变成水疱，内有清亮黄白色的液体

图 7-13　羊痘病病羊尾部及外阴部病变

病羊尾根、腹侧及外阴部有许多特殊的痘疹

图 7-14　羊痘病病羊乳房部位病变

病羊乳房部位皮肤表面的痘疹，突出于皮肤表面，内含清亮的浆液（箭头所指处）

只，须隔离观察，确定健康后再混群饲养。在羊痘疫区和受威胁区的羊只，应定期进行预防接种。发病后应立即封锁疫区，隔离病羊。轻症的对症治疗，重症的宜急宰处理，对尚未发病的羊只或邻近受威胁的羊群，应紧急接种羊痘鸡胚化弱毒疫苗。不论羊只大小，绵羊一律在尾根或股内侧皮下注射疫苗 0.5mL，山羊为 2mL，注射后 4～6d 产生可靠的免疫力，免疫期 1 年。也可每年定期预防注射氢

图 7-15　羊痘的预防
皮下注射羊痘鸡胚化弱毒疫苗

氧化铝羊痘疫苗，皮下注射，成年羊 5mL，羔羊 3mL，免疫期 5 个月（见图 7-15）。细毛羊对该疫苗的反应较强。

病死羊尸体应深埋或烧毁，如需剥皮利用，必须防止散毒。病羊舍及污染的用具应进行彻底的消毒，羊粪堆积发酵后利用。被封锁的羊群、羊场，须在最后出现的 1 只病羊死亡或痊愈 2 个月后，并经过彻底消毒方可解除封锁。

隔离的病羊，如呈良性经过，通常无需特殊治疗，只需注意护理，必要时可对症治疗。对皮肤痘疹，可用 2% 硼酸水充分冲洗，再涂以龙胆紫、碘酊等药物或者克辽林软膏。口腔有病变者可以用 0.1% 高锰酸钾水或 1% 明矾水冲洗，然后于溃疡处涂抹碘甘油或紫药水。恶性病例尚需使用磺胺药和青霉素、链霉素或"914"治疗。有条件者，可皮下或肌内注射痊愈羊血清，每千克体重 1mL，对病羔羊疗效明显。

## 四、羊传染性脓疱

羊传染性脓疱病又称羊传染性脓疱性皮炎，俗称"羊口疮"，是由羊传染性脓疱病毒引起的山羊和绵羊的接触性传染病。以在患羊口唇等处黏膜和皮肤形成丘疹、脓疱、溃疡和结成疣状厚痂为特征，羔羊多群发。人也可因接触病羊而感染。本病世界各地都有发生，几乎是有羊即有本病。

可引起羔羊死亡或影响生长发育，使经济价值下降，对养羊业危害较大。

## 1. 羊传染性脓疱的发生和传播

病原体为痘病毒科副痘病毒属中的传染性脓疱病毒。病毒对外界环境具有相当强的抵抗力，干痂中的病毒在夏季阳光下暴露30～60d后才失去传染性，污染的牧场可能保持传染性几个月，但加热至65℃时，可在2min内将病毒杀死。

病羊和带毒羊是本病的传染源，主要是因为购入了病羊和带毒羊而传入的，或者是健康羊住进了曾经发过本病的圈舍、牧场。病毒存在于脓疱和痂皮内，健康羊主要通过皮肤黏膜的擦伤而传染。被污染的饲料、饮水或残留在地面上的病羊痂皮，均可散布传染。

## 2. 诊断要点

【流行特点】 本病是羊场常见的一种传染病，各品种和性别的羊均可感染，但以羔羊、幼羊（2～5月龄）最易感，常呈群发性流行。成年羊发病较少，多为散发。发病无明显的季节性，以春、夏季更多见。而且由于病毒的抵抗力较强，所以一旦发生可以连续危害多年。对羔羊的生长影响较大。

【临床症状】 潜伏期4～7d。本病有唇型、蹄型、外阴型和混合型等几种。通常在口唇部、皮肤和黏膜上形成特征性的病理过程和症状。病羊精神不振，采食量减少，呆立墙角，先在唇、口角、鼻或眼睑等部位的皮肤上出现小而散在的红斑，2～3d后形成米粒大小的结节，继而成为水疱或脓疱，脓疱破溃后形成黄色或棕色的硬痂，牢固地附着在真皮层的红色乳头状增生物上。轻的病例，这种痂垢逐渐扩大、增厚、干燥，在1～2周内脱落而恢复正常;严重病例，患部继续发生丘疹、水疱、脓疱、疣状痂，并相互融合，可波及整个口唇周围及额面、眼睑和耳郭等部位，形成大面积具有龟裂、易出血的污秽痂垢，痂垢下面有肉芽组织增生，使整个口唇肿大外翻呈桑葚状。检查口腔舌部和腭部黏膜都有大小不等的溃疡，病变部位有红晕，严重影响采食，个别病情较重的羔羊被毛枯燥、生长缓慢、逐渐消瘦，最后衰竭而死（见图7-16、图7-17）。

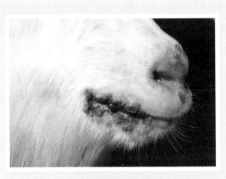

图 7-16　羊传染性脓疱病羊口唇部　　　图 7-17　羊传染性脓疱病羊口唇周
　　　　位的红斑和脓疱及棕色硬痂　　　　　　　围的疱疹和烂斑

口唇肿胀，呈菜花样增生

除以上症状外，有一部分羊一只眼或双眼患病，初期出现流泪、羞明、眼睑肿胀；然后角膜凸起，周围充血、水肿，结膜和瞬膜红肿，或在角膜上发生白色或灰色小点。病情严重者，角膜增厚，发生溃疡，形成角膜翳或失明。

根据病羊的临床症状，结合流行特点，可以做出诊断，但在初发地区或单位，为了确定病性，应采取水疱液、脓疱液送兽医检验部门做病理学检查。

### 3. 防治措施

【预防】

① 本病是羊场常见的一种传染病，以 2～5 月龄的羔羊易感，常呈群发性流行；成年羊发病较少，一般呈散发性感染。发病无明显的季节性，但以春、夏季发病最多，对羔羊的生长影响较大。

本病的传播途径主要是接触性传染，由于山羊喜欢顶角，因此对发病的羔羊要即时进行隔离饲养，并对发病的羊圈、周围环境、饲料槽、水盆等用具用百毒杀、2% 氢氧化钠或 20% 石灰水进行彻底的清洗、消毒。

② 注意要加喂适量的食盐。要防止羊只吃土、啃墙等异嗜癖。要保护好羊只的黏膜、皮肤，使其不要发生损伤。

③ 做好羊引进前的准备工作，引进羊前 2 ~ 3d 要对羊舍用 2% 热烧碱水或百毒杀进行消毒。

④ 注意不要从疫区引进羊只和购入饲料及畜产品。对新引进的羊要清洗蹄部、消毒、隔离观察 3 ~ 4 周，经检疫，确定健康者方可混群饲养。

⑤ 及时清理粪便，对病死的羊只和粪便进行无害化处理；加强羊舍的通风换气，保持干燥卫生。

⑥ 由于本病主要经创伤感染，应注意保护黏膜、皮肤，特别是羔羊长牙阶段避免饲喂坚硬、带刺的料草或到有带刺植物的草地放牧，以防发生损伤。

⑦ 本病流行地区应及时接种羊口疮弱毒细胞冻干疫苗，每只羊注射 0.2mL。

此病可感染人，也应注意人的防护。

【治疗】 目前，对本病无特效治疗方法，只能采用临床外伤处置措施和支持疗法等。患病羔羊进行隔离饲养，对其病变部位先用 0.1% ~ 0.2% 高锰酸钾溶液冲洗，然后涂以 3% 龙胆紫、碘甘油或土霉素、青霉素软膏，每日 3 次；每只肌内注射利巴韦林 2mL、维生素 C 5mL，每日 2 次。对病情严重者，为防止继发感染，可每只再肌内注射青霉素 $160 \times 10^4$ ~ $240 \times 10^4$ IU、硫酸链霉素等抗生素或口服磺胺类药物（见图 7-18）；对患有红眼病的羊可用 2% ~ 4% 硼酸溶液冲洗眼部，然后将注射用水稀释的青霉素溶液滴入眼内，每日 3 次，2 ~ 3d 即可痊愈，如个别反复发病，出现角膜浑浊或角膜翳时，用 1% ~ 2% 黄降汞软膏涂抹，每日 2 ~ 3 次。其次，加强饲养管理，可派专人看护，对病羔羊喂以优质饲草和精饲料，最好是鲜青草。

# 五、羊快疫

羊快疫是羊的一种急性地方性传染病。其特征是发病突然，病程短促，故称为"羊快疫"。特征是真胃黏膜和十二指肠黏膜上有出血性、坏死性炎症，并在消化道内产生大量气体，多造成急性死亡，对养羊业危害较大。该病最早发现于挪威、冰岛等地。在牧区往往于 5 月间流行，绵羊多发，

图 7-18　羊传染性脓疱的治疗

对于蹄部病变进行对症治疗，多次冲洗和消毒（可选用福尔马林）。蹄部先用水杨酸软膏将痂垢软化，除去痂垢后再用 0.1% ~ 0.2% 高锰酸钾水冲洗创面，冲洗消毒后，涂抹 3% 龙胆紫溶液，最后涂抹土霉素软膏

尤其是 1 岁以内的绵羊，经常侵害营养良好的羊只。

## 1. 羊快疫的发生和传播

病原体为腐败梭菌，革兰阳性，常以芽孢形式分布于低洼草地、熟耕地及沼泽。芽孢的抵抗力很强，可用 0.2% 的升汞、3% 福尔马林或 20% 漂白粉将其杀死。羊只采食污染的饲料和饮水后，芽孢随之进入消化道，健康羊的消化道就可带菌，只是不呈现致病作用。当存在不良诱因致使机体抵抗力降低时，腐败梭菌即大量繁殖，产生外毒素，损害消化道黏膜，引起中毒性休克，使羊只迅速死亡。

## 2. 诊断要点

【流行特点】　本病的发病年龄多在 6 个月至 2 岁之间，营养多在中等以上。一般多在秋、冬和初春气候骤变、阴雨连绵之际或采食了冰冻有霜的饲料之后或羊的抵抗力下降后发生。主要通过消化道或伤口感染。经消化道传染的，可引起羊快疫；经伤口传染的，可引起恶性水肿。

【临床症状】　本病的潜伏期只有数小时，然后突然发病，急剧者往往未见临床症状在 10 ~ 15min 内就突然死亡；病程稍长者，可以延长到

2～12h；一天以上的很少见。主要症状是精神沉郁，离群独处，磨牙，呼吸困难，不愿走动或者运动失调，口内排带泡沫的血样唾液，腹部胀满，有腹痛症状，有的病羊在临死前因结膜充血而呈"红眼"，天然孔有红色渗出液。体温表现不一，有的正常，有的体温高至41.5℃左右。病羊最后极度衰竭，磨牙，昏迷，常在24h内死亡，死亡率高达30%左右，死前痉挛、腹痛、腹部膨胀。

【病理剖检】　主要病变为真胃黏膜有大小不等的出血斑块和表面坏死，黏膜下层水肿。胸腔、腹腔、心包大量积液，心内、外膜有点状出血。肝肿大、质脆，胆囊肿大。如果病羊死后未及时剖检，则可因迅速腐败而出现其他死后变化（见图7-19、图7-20）。

图7-19　羊快疫患病羊
心脏表面的出血点、出血斑块

图7-20　绵羊发生羊快疫后出现真
胃出血性、损伤性炎症
真胃有出血性斑点和坏死区

【实验室检查】　通常用肝脏表面做触片染色镜检，除可发现两端钝圆、单在或短链的大肠杆菌外，还可见无关节的长丝状菌体，也可取脏器病料进行病原分离培养和小鼠接种试验。

【鉴别诊断】　羊快疫与最急性羊炭疽相似，应注意鉴别。

炭疽具有明显的高热，天然孔出血，血液凝固不全，血液涂片检可见到带有荚膜的竹节状炭疽杆菌，炭疽环状沉淀反应阳性。

### 3. 防治措施

【预防】 平时注意加强饲养管理，消除一切诱病因素。发生本病时，隔离病羊，并施行对症治疗。病死羊一律烧毁或深埋，不得利用，绝对不可剥皮吃肉，以免污染土壤和水源。消毒羊舍，将羊圈打扫干净后，用热碱水浇洒两遍，间隔 1h。未发病的羊立即转移至干燥安全地区做紧急预防接种。本病常发地区可每年定期接种疫苗。常用羊快疫、羊猝狙、羊肠毒血症、羔羊痢疾四联菌苗，皮下注射 5mL，注射后 2 周产生免疫力，免疫期半年以上。有些羊注射后 1～2d 会发生跛行，但不久可自己恢复正常。

【治疗】 虽然青霉素和磺胺类药物都有效，但因为本病发展迅速，往往来不及治疗，在实际操作中很难生效。所以必须贯彻"预防为主"的方针，认真做好预防工作。对少数经过缓慢的病羊，如及早使用抗生素、磺胺类药和肠道消毒剂很有效果，可应用环丙沙星、青霉素、氯霉素、新诺明并给予强心输液解毒等对症治疗，可有治愈的希望。

## 六、羊肠毒血症

羊肠毒血症（软肾病）是羊的一种急性非接触性传染病，绵羊常见。病的临床症状与羊快疫相似，故又称"类快疫"。死后肾组织多半软化，故还称"软肾病"。本病分布较广，常造成病羊急性死亡，对养羊业危害很大。

### 1. 羊肠毒血症的发生和传播

病原体为 D 型魏氏梭菌，又称 D 型产气荚膜杆菌。本菌为土壤常在菌，也存在于污水中。羊只采食被病原菌芽孢污染的饲料与饮水，芽孢进入肠道后，病原菌迅速繁殖并产生大量的外毒素。高浓度的毒素改变了肠道通透性，毒素大量进入血液，引起溶血、坏死和致死，全身毒血症，并损伤与生命活动有关的神经元。

### 2. 诊断要点

【流行特点】 本病主要发生于绵羊，尤其以 1 岁左右和膘情好的羊发病较多，2岁以上的羊患此病的较少。牧区常发生于春末至秋季，农区于夏收、秋收季节发生，多见于采食大量的多汁青饲料之后。羊采食了带有病菌的饲草，经消化道进入体内，病菌在羊的肠道内大量繁殖，产生毒素而引起本病，故名"肠毒血症"。雨季及气候骤变和在低洼地区放牧，可促进本病发生。本病多呈散发。

【临床症状】 本病的特点为突然发作，很少能见到症状，大多呈急性经过或在看到症状后很快倒毙。病羊突然不安，向上跳跃、痉挛，迅速倒地，昏迷，呼吸困难，随后窒息死亡。有的病羊以抽搐为特征，倒毙前四肢快速划动，肌肉抽搐，眼球转动，磨牙，空嚼，口涎增多，随后头颈抽搐，常于2～4h内死亡。有的病羊以昏迷为特征，病初步态不稳，以后倒卧，继而昏迷，角膜反射消失。有的伴发腹泻，排黑色或深绿色稀便，往往在3～4h内静静地死去。

【病理剖检】 主要病变在肾脏和小肠。肾脏表面充血，实质松软如泥，稍压即碎烂（图7-21）；小肠充血、出血，甚至整个肠壁呈血红色，有的还有溃疡（图7-22）。有的脑组织呈液化性坏死，胸腔、腹腔和心包液增多。

【实验室检查】 一般取肠内容物进行毒素检查。方法是：取出肠内容物加1～3倍生理盐水，用纱布过滤后以3000r/min，离心5min，取上

图7-21 羊肠毒血症导致病变的肾脏充血，质地软化如泥，触压即碎

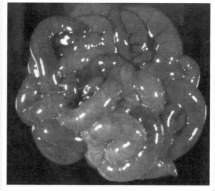

图7-22 羊肠毒血症导致的肠道病变

肠道特别是小肠充血、出血，严重者整个肠段肠壁呈血红色或有溃疡，呈"血肠样"外观

清液给家兔静脉注射 2 ～ 4mL 或给小鼠静脉注射 0.2 ～ 0.5mL。如肠内毒素含量高，实验动物可 10min 内死亡；如含量低，动物于注射后 0.5 ～ 1h 卧下，呈轻度昏迷，呼吸加快，经 1h 左右能恢复。正常肠道内容物注射后，动物不起反应。如有条件或必要，可用中和试验确定菌型。

### 3. 防治措施

在初夏季节曾经发过病的地区，应该减少抢青。秋末时节，应尽量到草黄较迟的地方放牧。在农区，应针对诱因，减少或暂停抢茬，同时加强羊只运动。在常发地区，应定期接种菌苗。病死羊一律烧毁或深埋。

治疗本病尚无理想的办法。一般口服氯霉素或磺胺脒 10 ～ 12g/次，结合强心、镇静、解毒等对症治疗，有时能治愈少数羊只，也可灌服 10% 石灰水，大羊 200mL、小羊 50 ～ 80mL。肌注环丙沙星有较好效果，有条件者，可同时试用 D 型魏氏梭菌抗毒素。

## 七、羊猝疽

羊猝疽是由 C 型魏氏梭菌引起的羊的一种毒血症。以急性死亡、腹膜炎和溃疡性肠炎为特征。

### 1. 羊猝疽的发生和传播

病原体为 C 型魏氏梭菌（又称为 C 型产气荚膜杆菌）。本菌为土壤中的常在菌，常由污染的饲料和饮水进入羊只消化道，在小肠里繁殖，产生毒素，引起羊只发病。

### 2. 诊断要点

【流行特点】 本病发生于成年羊，以 1 ～ 2 岁者发病较多，常见于低洼、沼泽地区。多发生于冬、春季节，常呈地方流行。

【临床症状】 病程短促，常未见到症状即突然死亡。病程稍长时，可见病羊掉队、卧地、表现不安、衰弱和痉挛，常在数小时内死去。

【病理剖检】 病变主要见于消化道和循环系统。十二指肠和空肠黏膜严重充血、糜烂，有的区段可见大小不等的溃疡，胸腔、腹腔和心包内大量积液，暴露于空气后可形成纤维素絮凝块，浆膜上有小出血点（见图7-23、图7-24）。

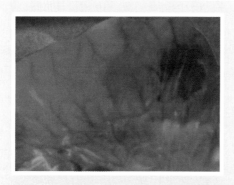 

图7-23　羊猝疽导致病羊出血性肠炎　图7-24　羊猝疽导致病羊左侧小肠呈
十二指肠和空肠黏膜严重充血、糜烂，有的　暗红色，其他部位的小肠、大肠充气
区段可见大小不等的溃疡

【实验室检查】　可采取体腔渗出液、脾脏等病料做细菌分离和鉴定，也可参照"羊肠毒血症"中介绍的方法，检查小肠内容物里有无魏氏梭菌毒素。

### 3. 防治措施

参照羊快疫和羊肠毒血症的防治措施进行。

## 八、羊黑疫

羊黑疫又称传染性坏死性肝炎，是山羊和绵羊的一种急性、高度致死性毒血症，以肝实质发生坏死病灶为特征。

### 1. 羊黑疫的发生和传播

病原体为 B 型诺维梭菌。本菌芽孢广泛存在于土壤中。当羊采食被污染的饲料和饮水后，芽孢可由胃肠壁进入肝脏。如果此时伴有肝片吸虫引起的肝损害、肝坏死，芽孢即迅速生长繁殖，产生毒素，引起毒血症，导致羊只急性休克而死亡。

### 2. 诊断要点

【流行特点】　通常1岁以上的羊发病，以2～4岁膘情好的肥胖羊发生最多，牛偶可感染。主要在春、夏季发生于肝片吸虫流行的低洼潮湿地区。

【临床症状】　病程急促，绝大多数病例还未出现症状即突然死亡，少数病例病程稍长者，可拖延1～2d。病羊离群、不食、呼吸困难、流涎，体温升高至41.5℃左右，最后倒地挣扎、四肢抽动，呈昏睡状态死去。

【病理剖检】　特征性病变是肝脏的坏死变化。在充血肿胀的肝表面，可以看到或触摸到一个乃至数个凝固性坏死灶。胃黏膜有坏死灶，界限清晰，呈灰黄色，周围常绕一圈鲜红色的充血带，坏死灶直径可达2～3cm，切面呈半圆形。此外，可见病羊尸体皮肤呈暗黑色（故名黑疫），胸腔、腹腔和心包内大量积液（见图7-25）。

在诊断上，通常根据在肝片吸虫流行的地区，发现急性死亡或在昏睡状态下死亡的病羊，结合肝脏的坏死变化，即可确诊。必要时，可采取肝脏送兽医检验部门做细菌学检查或取病死羊只的腹水或坏死灶组织悬浮液的沉淀上清液做卵磷脂酶试验，以检查病料中是否存在病菌毒素。此法的特异性和检出率均较高。

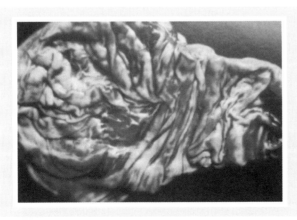

**图 7-25　羊黑疫导致的胃黏膜病变**

病羊的胃黏膜有坏死灶，界限清晰，呈灰黄色，周围常绕一圈鲜红色的充血带

### 3. 防治措施

预防本病首先在于控制肝片吸虫的感染，其次在常发地区应每年定期进行预防接种，免疫方法参见羊快疫。发生本病后，应将羊群转移至干燥地区，对病羊可用抗诺维梭菌血清治疗。

# 九、羔羊痢疾

## 1. 发生和传播

羔羊痢疾是一种初生羔羊常发的急性传染病，专门侵害出生后一周左右的羔羊，尤其以生后 3d 之内的羊发病最多。其特征是持续下痢，群众一般称为"下血""拉稀"或"白痢"。羔羊痢疾可分两类：一类是厌气性羔羊痢疾，病原体为产气荚膜梭菌；另一类是非厌气性羔羊痢疾，病原体为大肠杆菌。常常可使羔羊发生大批死亡。

## 2. 诊断要点

本病通过流行特点和临床症状就可做出初步诊断。

【流行特点】 本病主要危害 7 日龄以内的羔羊，其中又以 2 ～ 3 日龄的发病最多，7 日龄以上的很少患病。传染途径主要是通过消化道，如果健康羔羊与患病羊同时饮一盆水，则易被感染；也可能通过脐带或创伤传染。天气寒冷骤变能促进本病的发生。每年立春前后发病率较高。病羔羊和带菌母羊是本病的主要传染源。

【临床症状】 自然感染的潜伏期为 1 ～ 2d，病初精神委顿、低头弓背、怕冷、不断咩叫、不想吃奶。不久就发生腹泻，粪便恶臭，有的稠如面糊，有的稀薄如水，粪便呈绿色、黄色、黄绿色或灰白色，到了后期，有的还含有血液，直到成为血便（见图 7-26、图 7-27）。病羔逐渐虚弱，卧地不起。若不及时治疗，常在 1 ～ 2d 内死亡。羔羊如果以神经症状为主的，则四肢瘫软，卧地不起，呼吸急促，口流白沫，最后昏迷，头向后仰，体温降至正常温度以下，常在数小时到十几小时内死亡。如果后期粪便变黏稠则表示病情好转，有治愈的可能。

图7-26 羔羊痢疾导致病羊持续腹泻拉稀，肛门周围及后躯被粪便严重污染

图7-27 羔羊痢疾导致病羊拉稀，后躯被严重污染，身体虚弱，站立困难

### 3. 防治措施

【预防】 在母羊产前14～20d接种厌气性五联菌苗，皮下或肌内注射5mL，初生羔羊吸吮免疫母羊的乳汁，可获得被动免疫。在常发痢疾地区，羔羊生后12h灌服土霉素0.15～0.2g，每天1次，连服3d。也可用羔羊痢疾甲醛苗进行预防，第1次在分娩前20～30d，在后腿内侧皮下注射菌苗2mL；第2次在分娩前10～20d，在另一侧后腿内侧皮下注射菌苗3mL，这样初生的羔羊可获得被动免疫。

【日常管理】

（1）注意保温 将放牧中所产的羔羊立即用毡毯包裹，防止受凉。临产羊留圈产羔，并设法提高圈温。羊圈尽可能保持干燥，避免潮湿。

（2）母羊保膘 注意做好母羊的抓膘、保膘工作，使所产羔羊体格健壮，抗病力强。

（3）科学合理哺乳 所谓科学合理哺乳，就是要避免羔羊饥饱不均。母羊在羊圈附近放牧，适时回圈哺乳。

（4）消毒棚圈并做好隔离 每年秋末做好棚圈消毒工作。在母羊临产前，剪去其阴户部、大腿内侧和乳房周围的污毛，并用3%的来苏儿溶液消毒。一旦发生痢疾，随时隔离病羔羊，并做好羊圈的消毒工作。

【治疗】 本病可参考下列一些药物进行治疗：

① 土霉素或胃蛋白酶 0.2 ～ 0.3g，一次内服，每天服 2 次。

② 呋喃西林 5g、磺胺脒 25g、次硝酸铋 6g，加水 100mL，混匀，每次服 4 ～ 5mL，每日服 2 次。

③ 用胃管灌服 6% 的硫酸镁溶液（内含 0.5% 的福尔马林）30 ～ 60mL，6 ～ 8h 后再灌服 1% 的高锰酸钾溶液 1 ～ 2 次。

④ 磺胺脒 0.5g、鞣酸蛋白和碳酸氢钠各 0.2g，1 次内服，每日服 3 次。如果无效，可肌内注射青霉素 $4 \times 10^4$ ～ $5 \times 10^4$IU，每日 2 次，直至痊愈。

⑤ 每天服 3 次泻痢宁，每次服 3 ～ 5mL，连服 3d 为一疗程。

⑥ 乌梅散。处方：乌梅（去核）、炒黄连、郁金、甘草、猪苓、黄芩各 10g，诃子、焦山楂、神汤各 13g，泽泻 8g，干柿饼 1 个（切碎）。将以上各药混合捣碎后加水 400mL，煎汤至 150mL，以红糖 50g 为引，用胃管灌服，每次服 30mL。如果羔羊拉稀不止，可再服 1 ～ 2 次。

⑦ 承气汤加减治疗。处方：大黄、酒黄芩、焦山楂、甘草、枳实、厚朴、青皮各 6g，将以上各药混合后研碎，加水 400mL，再加入朴硝 16g，用胃管灌服。

# 十、小反刍兽疫

小反刍兽疫俗称羊瘟，是由小反刍兽疫病毒引起的一种急性病毒性传染病，主要感染小反刍动物，以发热、结膜炎、口炎、腹泻、肺炎、流产为特征。山羊比绵羊更易感，且症状更严重。

1942 年本病首次在科特迪瓦发生，主要危害绵羊和山羊，并造成了重大损失。亚洲的一些国家也报道了本病，根据国际兽疫局（OIE）报道，我国也有流行。

## 1. 小反刍兽疫的发生和传播

本病主要感染山羊、绵羊等小反刍动物，流行于非洲西部、中部和亚洲的部分地区。在疫区，本病为零星发生，当易感动物增加时，即可发生流行。本病主要通过直接接触传染，病畜的分泌物和排泄物是传染源，被污染的饲料、垫草、器具为主要的传播媒介。特别是跨省、跨市调运羊只造成传染。严重暴发时发病率概乎为 100%，通常羔羊的死亡率可达 100%，幼年羊死亡率约 40%，成年羊 10% 左右。尤其是怀孕母羊感染后 90% 以上会导致流产。处于亚临诊型的病羊尤为危险。

## 2. 诊断要点

【流行特点】 本病主要通过直接接触传染，病死率非常高，尤其是羔羊。本病一年四季都可发生。

【临床症状】 小反刍兽疫潜伏期为 4 ~ 5d，最长 21d。自然发病仅见于山羊和绵羊，山羊发病更严重。一些康复山羊的唇部形成口疮样病变。

急性型体温可上升至 41℃，并持续 3 ~ 5d。感染的羊只烦躁不安、背毛无光、口鼻干燥、食欲减退，流黏液脓性鼻液，呼出恶臭气体。在发热的前 4d，口腔黏膜充血，颊黏膜进行性广泛性损害，导致多涎，随后出现坏死病灶，开始口腔黏膜出现小的粗糙的红色浅表坏死病灶，以后变成粉红色，感染部位包括下唇、下齿龈等处。严重病例可见坏死病灶波及齿垫、腭、颊部及其乳头、舌头等处（见图 7-28、图 7-29）。后期出现带

图 7-28　小反刍兽疫导致的鼻腔和口　图 7-29　小反刍兽疫导致的眼部病变
　　　　　腔病变

病羊的眼结膜充血，眼周围有大量的分泌物

病羊鼻腔发炎，鼻腔周围有分泌物。同时口腔黏膜出现粗糙的红色浅表坏死病灶，以后变成粉红色

血水样腹泻，严重脱水，消瘦，随之体温下降。出现咳嗽、呼吸异常。发病率高达 100%，在轻度发生时，死亡率不超过 50%。幼年动物发病严重，发病率和死亡率都很高，为我国划定的一类疾病。

【病理剖检】 尸体剖检病变与牛瘟病牛相似。病变从口腔直到瘤 - 网胃口。患畜可见结膜炎、坏死性口炎等肉眼可见病变，严重病例可蔓延到腭及咽喉部。皱胃常出现病变，而瘤胃、网胃、瓣胃很少出现病变，病变部位常出现有规则、有轮廓的糜烂，创面呈红色、出血。肠可见糜烂或出血，特征性出血或斑马条纹常见于大肠，特别是在结肠直肠结合处。淋巴结肿大，脾有坏死性病变。在鼻甲、喉、气管等处有出血斑。还可见支气管肺炎的典型病变（见图 7-30、图 7-31）。

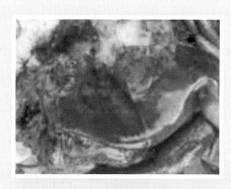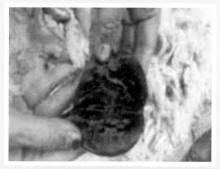

图 7-30　小反刍兽疫导致病羊肺脏肿　　图 7-31　小反刍兽疫导致病羊肾脏有
　　　　　　大，肺小叶坏死　　　　　　　　　　　　　淤血、出血变化

### 3. 防治措施

对本病尚无有效的治疗方法，发病初期使用抗生素和磺胺类药物可对症治疗和预防继发感染。一旦发现病例后，应严密封锁，扑杀患羊，隔离消毒。对本病的防控主要靠疫苗免疫。

① 目前小反刍兽疫病毒常用的疫苗为 Nigeria7511 弱毒疫苗和 Sungri/96 弱毒疫苗。弱毒疫苗无任何副作用，能交叉保护其各个毒株的攻击感染，

但其热稳定性差。

② 用新疆天康生产的小反刍兽疫疫苗进行预防注射：皮下注射，免疫期 3 年，新生羔羊 1 月龄进行补免。

## 第二节　肉羊常见的寄生虫病

### 一、羊绦虫病

本病是由裸头科的多种绦虫（莫尼茨绦虫、曲子宫绦虫、无卵黄腺绦虫）寄生于羊小肠所引起的。对羔羊危害较大，不仅可影响羔羊的生长发育，甚至可引起死亡。常呈地方性流行，三种绦虫既可以单独感染，也可混合感染，临床上以莫尼茨绦虫最常见，且危害也较为严重，在我国的华北、东北、西北地区流行更为普遍。

#### 1. 病原体

（1）虫体特征　莫尼茨绦虫为乳白色或黄白色，大约筷子粗细，为大型带状，由头节、颈节和链体组成，头节上有 4 个吸盘。虫体长 1 ~ 6m，体节宽而短，最宽可达 16mm，本虫特征为每一体节后缘有一排疏松的呈圆囊状的节间腺（见图 7-32）。

（2）生活史　莫尼茨绦虫需要以甲螨作为中间宿主。节片或虫卵随粪便排出体外，虫卵被甲螨蚕食，卵内的六钩蚴在甲螨体内发育成似囊尾蚴。牛、羊等在吃草或啃泥土时吞食了含有囊尾蚴的甲螨而被感染，在

图 7-32　莫尼茨绦虫的成虫

小肠内经 40 ～ 50d 发育为成虫。在肠道内可活 2 ～ 6 个月，而后自肠内自行排出体外。

## 2. 诊断要点

【流行特点和临床症状】 莫尼茨绦虫主要感染 1.5 ～ 6 月龄的羔羊，7 月龄以上的患病羊可获得自身免疫力排出虫体。其流行还具有一定的季节性，即与甲螨出现的季节变动有密切关系。甲螨多在温暖和多雨的季节活动，在夏、秋两季最多。

羊严重感染时，羔羊消化不良、便秘、腹泻、慢性胀气、贫血、消瘦，最后衰竭而死。有的有神经症状，呈现抽搐和痉挛及旋回病样症状；有的由于大量虫体聚集成团，引起肠阻塞、肠套叠、肠扭转，甚至肠破裂（见图 7-33）。

图 7-33　剖检见到的羊肠道中的莫尼茨绦虫虫体

【粪便检查】 检查粪便中的绦虫节片，特别是在清晨清扫羊舍时查看新鲜粪便。如果在粪球表面发现黄白色、圆柱形、长约 1cm、厚达 0.2 ～ 0.3cm 孕卵节片即可确诊。

## 3. 防治措施

采取以预防性驱虫为主的综合性防治措施。

（1）预防性驱虫　首选药物丙硫苯咪唑，大面积驱虫，剂量为每千克体重 5 ～ 6mg，口服，投药后灌服少量清水。驱虫前应禁食 12h 以上。驱虫后留在圈中至少 24h，以免污染牧地。

农区放牧的羊，全年两次驱虫，第一次为 6 月底至 7 月中旬，第二次为 11 月至入冬前，淘汰羊于当年 8 月进行一次驱虫。山区冬夏牧场放牧的羊，在第二年 3 月底至 4 月初转场前补驱一次，实行全年 3 次驱虫。应按时整群驱虫，做到应用足够剂量。为防止长期应用同一种药而产生耐药性，连续使用 3 年后，可与吡喹酮交替使用，剂量为每千克体重

12mg；也可应用硫双二氯酚（别丁），剂量为每千克体重60～80mg；也可以用伊苯康。

（2）科学地适时放牧　合理调整放牧时间，为避开清晨甲螨数量高峰，夏、秋一般以太阳露头，牧草上露水消散时进入牧地；冬季、早春甲螨进入腐殖层土壤中越冬，故可按常规时间放牧。充分利用农作物茬地、耕地放牧，逐步扩大人工牧地的利用，建立科学的轮牧制度。

## 二、羊鼻蝇蛆病

本病是由羊鼻蝇（又称羊狂蝇）的幼虫，寄生在羊的鼻腔及其附近的腔道（如额窦）内引起的，病羊呈现慢性鼻炎（鼻窦炎和额窦炎）症状。

### 1. 病原体

羊鼻蝇的特点是成虫直接产幼虫，成虫外形似蜜蜂，口器退化，头半圆形，身体呈灰黑色，比家蝇稍大。出现于每年的5～9月份，尤其以7～9月最多。只在炎热、晴朗、无风的白天活动。雌雄交配后雄蝇死亡，雌蝇遇到羊只时，急速而突然地飞向羊只，将幼虫产在羊鼻孔内或鼻孔周围，每次可产20～40个。数日内可产出500～600个幼虫，产完幼虫后，雌蝇死亡，其寿命2～3周。刚产出的幼虫呈黄白色，如同小米粒大小，长约1mm，体表丛生小刺，前端有两个黑色的口钩。它以此固着于鼻黏膜上，逐渐向鼻腔深部移行。在鼻腔、额窦或鼻窦内（少量进入颅腔内）寄生并逐渐长大，经9～10个月发育为成熟幼虫。成熟幼虫长约30mm，棕褐色，背面拱起，每节上具有深棕色的横带；腹面扁平，各节前缘具有数列小刺。前端有两个黑色发达的口钩，后端齐平，有两个黑色的后气孔。在第二年春天，成熟幼虫由深部向浅部移行，当病羊打喷嚏时，被喷落到地面，钻入土内或羊粪内变蛹。蛹期1～2个月，羽化为成蝇。温暖地区1年可繁殖2代，寒冷地区每年1代（见图7-34）。

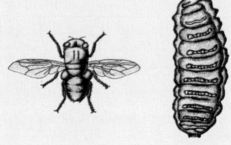

(a)成虫　　　　　　　　(b)3龄幼虫

图7-34　羊鼻蝇成虫和3龄幼虫示意图

## 2. 诊断要点

可根据流行病学资料、临床症状（脓性鼻漏、呼吸困难、打喷嚏等）以及剖检，在鼻腔及附近腔道发现羊鼻蝇幼虫而确诊（见图7-35）。病羊呈现神经症状时，要注意与羊多头蚴病、莫尼茨绦虫病相鉴别。

## 3. 防治措施

因敌百虫等杀虫药对成熟的幼虫无效，因此确定适当的驱虫时间是防治本病的关键。应根据各地不同的气候条件，在摸清羊鼻蝇的生物学特性后确定（一般在每年11月份进行），可根据羊群大小，选择下列方法：

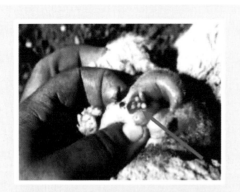

图7-35　羊鼻蝇幼虫寄生在羊的鼻腔内（箭头所指处）

① 精制敌百虫

a. 灌服法：按每千克体重0.12g配成2%溶液灌服。

b. 肌内注射：取精制敌百虫60g加95%酒精31mL在瓷容器内加热溶解，加入蒸馏水31mL，再加热至60～65℃，待药完全溶解后再加水至总量为100mL，经药棉过滤，用于肌内注射。体重10～20kg用0.5mL；20～30kg用1mL；

30 ～ 40kg 用 1.5mL；40 ～ 50kg 用 2mL；50kg 以上用 2.5mL。

②伊维菌素　剂量为每千克体重 200μg，皮下注射或以同等剂量内服粉剂。

③来苏儿　每年的 9 ～ 10 月份，将 3% 来苏儿溶液向羊鼻孔中喷洒。

## 三、疥癣

疥癣又叫螨病，俗称"癞病""羊癞"，是指由疥螨科或痒螨科的螨寄生在羊的体表面引起的慢性、寄生性、接触性皮肤病，可以分为疥螨病和痒螨病两类。以剧痒、湿疹性皮炎、脱毛、消瘦、患部逐渐向周围扩张和具有高度传染性为本病特征，对养羊业危害很大。

本病多发于秋、冬季节，特别是饲养管理不良，卫生条件差时最容易发生，所以圈舍、运动场、饲料槽等要经常打扫清理和消毒。

### 1. 病原体

痒螨虫体呈椭圆形，大小为 0.5 ～ 0.8mm。可寄生于羊、兔、牛、马等许多动物的体表，各种动物体上的痒螨形态很相似，但彼此互不传染。

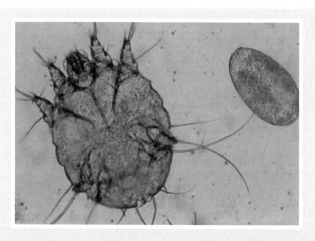

(a)疥螨成虫　　　　　　　(b)疥螨的虫卵

图 7-36　显微镜下观察到的疥螨成虫及其虫卵

疥螨成虫的身体大致呈圆形，大小为 0.2 ~ 0.5mm，寄生于羊等动物的表皮深层（图 7-36）。痒螨寄生于表皮表面，以吸取渗出液为食。疥螨和痒螨的全部发育过程都在寄主动物体上度过。

疥螨在宿主表皮挖凿隧道，寄生于皮肤深层隧道内，以角质层组织和渗出的淋巴液为食，虫体在隧道内进行发育和繁殖。疥螨在干燥处只能活20d。痒螨生活在羊的皮肤上，离开皮肤后容易死亡，雌虫在皮肤上产卵，卵经过 10 ~ 15d 发育为成虫。

疥螨整个发育过程为 8 ~ 22d，痒螨为 10 ~ 20d，因此螨病除主要由于病畜直接接触外，还可通过螨及其卵污染的羊舍、用具等间接接触传播。

## 2. 诊断要点

【临床症状】

① 痒螨病　山羊多发于毛长而且稠密的地方。如唇、口角、鼻孔周围，以及眼圈、耳根、乳房、阴囊、四肢内侧等部位，然后波及全身，在羊群中首先引起注意的是羊毛结成束和体躯下部泥泞不洁，然后可以看到零散的毛丛悬垂于羊体，好像披着破棉絮一样，甚至全身被毛脱光。绵羊多发于毛长而且稠密的部位，如背部、臀部、尾根等部位。

② 疥螨病　主要在头部明显，嘴唇周围、口角两侧、鼻子边缘和耳根下面也有，奇痒、病羊极度不安、用嘴啃咬或蹄子踢患部，常在墙壁上摩擦患部。患部被毛脱落，脱毛地方可以触摸到颗粒。皮肤发红肥厚，继而出现丘疹、水疱或脓疱，破裂后流出渗出物，干燥以后形成痂皮，皮肤增厚。龟裂多发生于嘴唇、口角、耳根和四肢弯曲面。发病后期，病变部位形成坚硬白色胶皮样痂皮，虫体迅速蔓延至全身。影响羊采食及休息，使羊日渐消瘦、体质下降（见图 7-37）。

图 7-37　由于疥螨寄生过多，造成病羊皮毛大面积脱落

【实验室检查】 在症状不够明显时，须采取患部皮肤上的痂皮，在显微镜下检查有无虫体才能确诊。

### 3. 防治措施

保持羊圈干燥清洁，羊粪经常清理，羊圈土要勤垫勤起。让羊多晒太阳，病羊要隔离治疗。从外地购入的羊，应先进行隔离观察 15 ～ 30d 确认无病后再混入羊群。

（1）药浴疗法　既可用于治疗，又可用于预防。具体方法见本书第五章第四节"育肥羊的日常管理技术"。

（2）内用药　可内服伊维菌素（虫克星），剂量为每千克体重200μg，治疗同时应配合对环境（特别是圈舍）的灭螨，以防止再次发生感染。

（3）简易土方法　将废弃的柴油、机油用刷子刷洗患部；把烟草的茎、叶片泡水（浸泡一昼夜）煮沸，去掉烟叶，用此水刷洗病处；用柏木油涂抹患处。这些方法的效果都非常好。

## 四、蜱病

寄生在羊体表的蜱，是一种吸血性的外寄生虫。它能使患羊疼痛不安，并引起皮炎，大量寄生时，引起患羊贫血、消瘦、麻痹。同时还能传播多种传染病和寄生虫病，如血孢子虫病和泰勒焦虫病等，引起大批死亡，对养羊业危害极大。

### 1. 病原体

蜱就是我们俗称的"草爬子""草鳖"，这类蜱为硬蜱科。虫体呈椭圆形，外形像一个袋子，背腹扁平，无头、胸、腹之分，融合为一个整体。体壁背侧呈厚实的盾片状角质板，可传播病毒病、细菌病和原虫病等。软蜱没有盾片，由具弹性的草状外皮组成，饱食后迅速膨胀，饥饿后迅速缩瘪，故称软蜱。雌蜱在地下或石缝中产卵，孵化出幼虫，找到宿主后，靠吸血生活。发育过程包括卵、幼虫、若虫、成虫四个阶段（见图 7-38）。

## 2. 诊断要点

图 7-38 蜱的成虫及若虫

通过临床症状、外表特征就可做出诊断。蜱多趴在羊身体毛短的部位叮咬，如嘴、眼皮、耳朵、腿内侧等。蜱的口腔刺入羊的皮肤进行吸血，由于刺伤皮肤造成发炎，羊表现不安。大量蜱寄生时，由于吸血多而使羊贫血甚至麻痹。羊日渐消瘦，生产力下降（见图7-39、图7-40）。

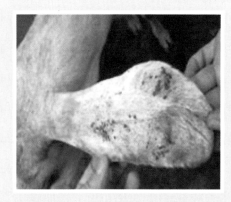

图 7-39 羊耳部寄生大量的蜱

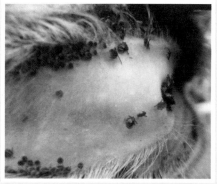

图 7-40 羊耳郭内侧寄生大量的蜱（吸入了大量的血液后，其身体充盈）

## 3. 防治措施

（1）手工或器械灭蜱 用手捉是最简单的方法，如能用煤油、凡士林、石蜡油、酒精等涂以蜱体，使其窒息或麻醉后拔除效果更好。注意拔时使蜱体与皮肤垂直，否则，蜱的口器易断落在皮肤内引起炎症，拔掉的蜱应立即杀灭。这种方法费时、费工，也不彻底，只能用于少量寄生时或作为一种辅助手段使用。

（2）药物灭蜱

① 药浴：可用新型体外杀虫剂——除癞灵，配成 0.2% 的混悬液（每 50g 加水 25kg 充分搅拌），每只羊药浴 2min，也可采用喷淋、洗擦等方法。多发年份应定期、及时进行，严重时可每半个月进行 1 次。也可用 1% 的敌百虫水溶液。

② 沙浴：适用较寒冷的冬、春季节，每 500g 除癞灵混细沙 100kg 左右，充分混合，撒入羊群躺卧处。羊舍内灭蜱，还可以用"223"乳剂或悬浮液，按照每平方米用药量 1～3g 的有效成分喷洒，有良好的灭蜱作用。疗效可保持 1～2 周。

（3）轮牧灭蜱　划区隔离，制定轮牧计划，硬蜱在活动季节必须吸血，不能吸血时，其生活时间一般不超过 1 年，幼虫会饥饿而死。可以将牧地划分为两个地段，在 1 年或 2 年内在一个地段放牧；第 2 年或第 3 年再转入另一地段放牧。轮换是防止羊感染蜱的有效措施。

# 五、羊虱病

羊虱是永久寄生的体外寄生虫，有严格的宿主特异性。虱在羊体表以不完全变态方式发育，经过卵、若虫和成虫三个阶段，整个发育期约一个月。

## 1. 病原体

病原体是羊虱子，羊虱子可以分为两类：吸血虱和食毛虱。吸血虱嘴细长而尖，并具有吸血口器，可刺破羊体表皮肤吸取血液；食毛虱嘴硬而扁阔，具有咀嚼器，专食羊体的表皮组织、皮肤分泌物及毛、绒等（见图 7-41）。

## 2. 诊断要点

【临床症状】　羊虱子寄生在羊的体表，可引起皮肤发炎、剧痒、

图 7-41　病原体羊虱子的示意图

脱皮、脱毛、消瘦、贫血等。病羊皮肤发痒，精神不安，常用嘴咬或蹄子蹭患部，并喜欢靠近墙角或木桩蹭痒。羊虱子寄生时间长的，患部羊毛粗乱、容易断或脱落，患部皮肤变得粗糙，皮屑多；时间久的，因为羊的吃、睡受影响，造成消瘦、贫血、抵抗力下降，并且引起其他疾病，造成死亡。

### 3. 防治措施

经常保持圈舍卫生干燥，对羊舍和病羊所接触的物体用0.5% ~ 1%的敌百虫溶液喷洒。由外地引进的羊必须先经过检验，确定健康后，再混群饲养。

治疗羊虱在夏季可进行药浴，如果天气较冷时，可用药液洗刷羊身体或局部涂抹（见图7-42）。

图 7-42　羊只的药浴驱虫

## 六、羊跳蚤病

跳蚤很难在短时间内根治，所以预防措施显得尤为重要。在羊只调运过程中，若发现当地为跳蚤存在区，要严格按照卫生防疫监督部门的操作规程进行，可有针对性地采取措施进行防范，避免疫源地区逐步扩散；注意保持环境的清洁卫生，以断绝幼虫的食物，室内外应通风、透光以恶化跳蚤的生活环境；及时消毒、药浴，做好羊只春、秋两季的体内外驱虫工作。

## 1. 病原体

跳蚤是小型、无翅、善跳跃的寄生性昆虫，成虫通常生活在哺乳类动物身上，羊被寄生的情况十分常见。

跳蚤属于一种完全变态性昆虫，一生可分为卵、幼虫、蛹、成虫4个时期。卵为白色，呈圆形或椭圆形，可在羊舍、牧场、运动场的泥土中见到；跳蚤的幼虫很像幼小的蚁蚕，但颜色为黄色或乳黄色，身体有些透明，无腿，可自由活动，怕光、怕干燥，经3次蜕皮后便进入蛹期；长成的幼虫在化蛹之前先自制一个半透明的茧，把自己的身体包住，经过一定时期便破茧而出；成虫能跳跃活动，无论雌雄都能找到羊只吸血、交尾并产卵，在适宜的条件下可生活1～2年。雌跳蚤一生可产卵200～400个。整个生活史的完成，短的需要3周，长的需要1年以上，这取决于食物和气候。

跳蚤成虫的口器锐利，便于吸吮。腹部宽大，后腿发达、粗壮。具刺吸式口器，雌、雄均可吸血。雌跳蚤可每天吸血400次，在24～48h内产卵，每天产卵25～50个。卵散落于环境中，经过1～6d开始孵化并长为幼虫，幼虫必须有血液才能生存。幼虫经过5～11d化成蛹，蛹可抵抗不利环境条件，生命力可达350d。蛹再经过14d的孵化，变成跳蚤成虫而吸血（见图7-43）。

## 2. 防治措施

（1）对羊体表跳蚤的治理　清除羊体表的跳蚤是防治的目标之一，另一个目标就是要抑制跳蚤的繁殖。可选择杀虫剂，比较常用的是伊维菌素和丙硫苯咪唑片，春秋两季各驱虫两次。目前已经研制出长效伊维菌素，

图7-43　跳蚤成虫的形态

图 7-44 羊只的药浴

羊只被给药后，血药浓度可维持 3 个月，效果良好。对羊进行体外驱虫，适宜选择晴朗的天气，药浴后将羊赶到阳光充足处晾晒，可选择虱蚤一次净等药物将羊只全部淋透，7～10d 为一个施药周期（见图 7-44）。

（2）对圈舍及周边的治理　大部分虫卵散落在圈舍和土壤中，春天是跳蚤繁殖期，也是治疗跳蚤的最佳时期。应尽早清理圈舍内的羊粪，将羊粪贮存于统一地点，浇透水，然后用塑料布覆盖后压紧，经过一段时间发酵后可以作为农家肥使用，这是处理羊粪的最佳方法，能够有效杀死跳蚤虫卵和幼虫。

室外可以使用烟雾载药技术进行防治，清洗机或热烟雾机喷出的烟雾能渗透到物品间隙和墙壁、地板的裂缝中杀灭跳蚤。使用药物有火碱或者除癣净等。由于室外药物防治对虫卵的杀灭效果差，7～10d 可以作为一个喷药周期，以杀灭新羽化出来的跳蚤，严重的话可以连续喷 3d，之后 7～10d 再重复施药。

（3）对室内的治理　室内封闭的治理效果很明显，可以用灭蝇药杀灭跳蚤成虫，封闭喷洒 3h 后开窗通风，防止中毒，充分考虑药剂对环境和人的毒性；用吸尘器处理被感染羊舍，可以减少约 60% 的虫卵和 27% 的幼虫，同时可以除去幼虫赖以生存的食物（成虫血便、动物碎屑等有机物）和用于藏身的尘土。

# 第三节　肉羊常见的普通病

## 一、胃肠炎

胃肠炎是胃肠黏膜及黏膜下深层组织的重剧炎症过程。临床上以经过短急、严重的胃肠机能障碍、自体中毒为特征。

### 1. 病因

① 原发性胃肠炎的病因与消化不良基本相似，只是致病因素的作用更为强烈，时间更为持久。饲养不当、饲料品质粗劣、饲料调配不合理，以及饲料霉败、饮水不洁等都是常见的病因。尤其是当羊身体衰弱、胃肠机能有障碍时，更易引发本病。

② 继发性胃肠炎，最常见于消化不良和腹痛病的经过中。常因病程持久、治疗失时、用药不当等，而使胃肠壁遭受强烈刺激，胃肠血液循环和屏障机能紊乱，细菌大量繁殖，细菌毒素被大量吸收等，从而发展成胃肠炎。

### 2. 诊断要点

详细询问饲料质量、饲养方法，以及是否误食有毒物质等，找出其发病原因。

【临床症状及病理变化】　病初多呈现消化不良的症状，以后逐渐或迅速呈现胃肠炎症状。病羊精神沉郁，食欲多废绝，渴欲增加或废绝，眼结膜先潮红后黄染，舌面皱缩，舌苔黄腻，口干而臭，鼻端、四肢等末梢冷凉；常伴有轻度腹痛，持续腹泻，粪便呈水样、腥臭并伴有血液及坏死组织碎片；腹泻时肠音增强，病至后期，肠音减弱或消失。肛门松弛、排粪失禁或不断努责，仍无粪便排出。若炎症主要侵害胃及小肠时，肠音逐渐变弱，排粪减少，粪干色暗、混杂黏液，后期才出现腹泻，也有始终不腹泻的。

腹泻重剧的病羊，由于脱水和自体中毒，症状加剧，眼球下陷，腹部紧缩。多数病例一发病即体温升高达 40℃ 以上，脉搏初期增数，以后变细速，每分钟达 100 次以上，心音亢进，呼吸加快。霉菌性胃肠炎，病初常不易发现，突然增重呈急性胃肠炎症状，后期神经症状明显，病羊狂躁不安、盲目运动。

【实验室检查】 血、粪、尿变化明显，白细胞总数增多，中性粒细胞增多，核左移。血液浓稠，血细胞比容和血红蛋白均增高。尿呈酸性，尿中出现蛋白质，尿沉渣内可能有数量不等的肾小管上皮细胞、白细胞、红细胞，严重者可出现管型。粪便潜血阳性。

### 3. 防治措施

【预防】 主要是加强饲养管理，注意饲料的质量，饮水要清洁，劳逸要适当。定期驱虫，对患消化不良的病羊及时治疗，以免发展成胃肠炎。

【治疗】 治疗原则：清理胃肠，抑菌消炎，补液强心解毒。让病羊安静休息，勤饮清洁水，彻底断食 2～3d。每天输注葡萄糖液以维持营养。

① 清理胃肠：排出有毒物质，减轻炎性刺激，缓解自体中毒。一般内服液状石蜡 300～500mL 或植物油 300mL、鱼石脂 10g，加水适量，也可内服硫酸钠或人工盐。

② 抑菌消炎：轻症胃肠炎，可内服磺胺脒 5～10g，每日 1～2 次；黄连素 0.5～1g，每日分 3 次服；将 5 头紫皮大蒜捣成蒜泥，加水 1～2L，1 次内服。重症胃肠炎，可内服氯霉素 0.25g，每日 2～3 次；口服链霉素，也能收到良好效果；也可静脉注射四环素或氯霉素，混于 5% 葡萄糖生理盐水中滴注。当粪稀似水、频泻不止且粪臭味已经不重时，则应立即止泻。可用鞣酸蛋白 10g、次硝酸铋 10g、木炭末 50g、碳酸氢钠 10g，加水适量，1 次内服；也可用磺胺脒 10g、木炭末 50g、碳酸氢钠 10g，加水适量，1 次内服。

③ 补液强心解毒：补液是治疗胃肠炎的重要措施之一，兼有强心解毒作用。临床上常用 5% 葡萄糖生理盐水 500mL、10% 维生素 C 注射液 10mL、40% 乌洛托品 20mL 混合后 1 次静脉注射；或用 5% 葡萄糖生理盐水 100mL、碳酸氢钠 100mL、20% 安钠咖液 5mL 混合后 1 次静脉注

射；也可用复方氯化钠液 200mL、5%葡萄糖液 100mL、20%安钠咖液 5mL、5%氯化钙液 20mL 混合后 1 次静脉注射。此外，对于有明显腹痛的病羊，可应用镇痛剂；当症状基本消除时，可内服各种健胃剂，以促进胃肠机能恢复。

## 二、羔羊便秘

羔羊便秘是粪便停滞于某段肠管内，而发生肠管阻塞的一种急性腹痛病。发生于新生羔羊的便秘又称胎粪停滞。

### 1. 病因及临床症状

哺乳期的羔羊，采食大量粗硬饲料而不能充分消化；哺乳母羊或羔羊所需的无机盐、微量元素和维生素不足和缺乏时，羔羊发生异嗜，吞食了粗硬异物、粪便等，可发生便秘。断奶后的羔羊在饲喂不当、饮水不足、气候突变等因素影响下，可使胃肠运动和分泌机能紊乱而发生本病。新生羔羊吃不上初乳或食入量少质差的初乳都会发生胎粪停滞（见图 7-45）。

### 2. 防治措施

【预防】 加强妊娠母羊，特别是妊娠后期母羊的饲养管理，以增强胎儿体质和提高初乳质量。羔羊出生后应尽早吃上足够的初乳。加强护理，有病及时治疗。

【治疗】 治疗原则是镇痛减压、疏通肠管及补液强心。

① 镇痛减压：可肌内注射 30% 安乃近或安痛定溶液 5mL。也可用水合氯醛 2 ~ 5g，加适量水和淀粉灌肠。

图 7-45　羔羊便秘导致病羊排出 "球状" 粪便，非常坚硬，而且大小不一

② 疏通肠管：以温肥皂液灌肠或用手指掏出靠近肛门处的粪便后再灌

**图 7-46　肠道吻合手术治疗便秘**

便秘造成肠管坏死后经手术治疗，切除病变坏死的肠段，再进行肠道吻合手术

入温肥皂液，以软化深处粪便，或将石蜡油、植物油灌入肠内，然后内服石蜡油或植物油 40 ~ 50mL。对于便秘病情严重的成年羊，可施行肠道吻合手术处理（见图 7-46）。

③ 补液强心：当出现自体中毒、脱水以及心肺功能不全时，及时补液强心，以促使毒物排出。

## 三、感冒

感冒是由于寒冷作用所引起的以上呼吸道黏膜炎症为主要症状的急性、全身性疾病。临床上以突然体温升高、咳嗽、流鼻液和羞明流泪为主要特征。以老龄羊和羔羊多发，本病多发于早春、晚秋气候剧变时，但没有传染性。

### 1. 病因

主要是寒冷的突然侵袭。如冬季羊舍防寒不良，对羊只的管理不当，突然遭受寒流袭击，寒夜露宿，久卧湿地，由温暖地区突然转至寒冷地区，大汗后遭受雨淋，被贼风吹袭，春季露天羊圈拆羊棚过早，剪毛后突然受到雨淋等。以上各种因素均可使机体抵抗力降低，特别是使上呼吸道黏膜的防御机能减退，致使呼吸道内的常在细菌得以大量繁殖而引起本病。

### 2. 诊断要点

主要根据受寒的病史和临床症状做出诊断。临床上羊受寒冷作用后突然发病，精神沉郁，头低耳耷。初期皮温不整，耳尖、鼻端和四肢末梢发凉，食欲减退，呼吸困难。继而体温升高，结膜潮红，脉搏增数，鼻黏膜充血、肿胀，鼻塞不通，流清鼻涕，病羊鼻黏膜发痒，不断打喷嚏，食欲减退或废绝，反刍减少或停止，鼻镜和粪便干燥。小羊还有磨牙症状，大羊常发出鼾声。对感冒病羊如能及时治疗，很快痊愈。否则，易继发支气管肺炎（见图7-47）。

图 7-47　感冒导致病羊流清鼻涕（箭头所指）

### 3. 防治措施

【预防】　加强饲养管理和羊舍建设，冬季圈舍要注意保温，防止羊受寒，及时采取防寒措施，防止羊大汗后被雨淋。

【治疗】　治疗本病以解热镇痛，祛风散寒，防止继发感染为主。

① 解热镇痛：可肌注安乃近、安痛定 5 ~ 10mL 或柴胡注射液、瘟毒清。肌内注射复方氨基比林 5 ~ 10mL 等。

② 排粪迟滞：应用缓泻剂，如人工盐、硫酸钠等。

③ 草药治疗：荆芥 3g、紫苏 3g、薄荷 3g，煎水灌服，每天 2 次。

④ 偏方治疗：辣椒、生姜、大葱、萝卜各适量，加入红糖灌服。

⑤ 感冒通 2 片，每天 3 次灌服。

## 四、羔羊消化不良

羔羊消化不良是胃肠消化机能障碍的统称，是不具传染性的胃肠病，有单纯性消化不良和中毒性消化不良之分。病的特征是有明显的消化机能障碍和不同程度的腹泻。以羔羊多发。

### 1. 病因

对妊娠母羊没有给予全价饲料，是引起羔羊消化不良的主要原因，特别在妊娠后期给予不全价饲料，除了直接影响胎儿发育外，还严重影响母乳的数量和质量。母乳质劣量少，不能满足羔羊发育的需要，使得本来已经发育不良的羔羊又处于饥饿状态，极易发病。对妊娠母羊的饲养管理不当，也是引起本病的主要因素。羊舍卫生条件太差，如阴冷潮湿，哺乳母羊乳头或喂乳器具不洁，垫草长期不更换而使粪尿积聚；对羔羊饲养不当，初乳饲喂过晚，人工哺乳不定时、不定量，使羔羊饥饱不均而舔食污物；以及在哺乳期时补料不当等，均可引发本病。详细情形可分为以下几个方面：

① 母羊妊娠期饲养管理粗放。特别在妊娠后期，饲料中营养物质不足，缺乏蛋白质、矿物质和维生素等，直接影响胎儿的生长发育和母乳的质量。

② 哺乳母羊和羔羊饲养管理不当。羔羊受寒；羔羊人工哺乳不能定时、定量、定温。

③ 中毒性消化不良。

## 2. 诊断要点

根据主要临床症状就可做出诊断。本病多发于哺乳期，羔羊多在出生吮食初乳后不久即发病。羔羊到 2 ～ 3 月龄，主要特征是腹泻。

【临床症状】

（1）单纯性消化不良　精神不振，喜卧，食欲减退或完全废绝。体温正常或稍低。轻微腹泻，粪便变稀，排粪稀软或呈水样。随着时间的延长，粪便变成灰黄色或灰绿色，有酸臭或腥臭。其中混有气泡和黄白色的凝乳块或未消化的饲料。肠音响亮，腹胀、腹痛。心音亢进，心跳和呼吸加快。腹泻不止，严重时脱水。皮肤弹性降低，被毛无光。眼球塌陷，站立不稳，全身颤动（见图 7-48）。

图 7-48　羔羊消化不良导致羔羊有消化障碍，体质瘦弱、站立困难

（2）中毒性消化不良　呈现严重的消化障碍和营养不良，以及明显的自体中毒等症状。病羔精神极度沉郁，眼光无神，食欲废绝，全身衰弱无力，躺地不起，头颈后仰。体温升高，严重腹泻，全身震颤或痉挛。严重时呈水样腹泻，粪中混有黏液和血液，有恶臭和腐败气味，肛门松弛，排粪失禁。眼球塌陷，皮肤弹性减退或无弹性。心跳加快，心音变弱，节律不齐，脉搏细弱，呼吸浅表。病后期体温下降，四肢及耳冰凉，直至昏迷而死亡。

### 3. 防治措施

【预防】　加强饲养管理，改善卫生条件，羊舍注意保暖、干燥卫生。主要是改善对母羊的饲养管理，保证给予母羊全价饲料，有充足的维生素和微量元素，改善妊娠期卫生条件，适当户外运动。加强对羔羊的护理，让羔羊尽早吃到初乳，防止羔羊受寒感冒，给予充足饮水。母乳不足或质劣时，采用人工哺乳。抑菌消炎，防止酸中毒；抑制胃肠内微生物的发酵和腐败，补充水分和电解质。管理上多饲喂青干草和胡萝卜。饲具保持清洁，定期消毒。

【治疗】　针对发病原因，改善饲养管理，调整胃肠机能，中毒性的要着重抑菌消炎和补液等。对羔羊应用油类或盐类缓泻剂以排除胃肠内容物，如灌服石蜡油 30 ~ 50mL。

① 调整胃肠机能　将病羔羊置于温暖干燥处禁食 8 ~ 10h，饮服畜禽多维电解质溶液或温糖水。常用胃蛋白酶、胰蛋白酶、食母生、酵母等加甘草制成舔剂，每日给 3 次；或稀盐酸加水稀释后内服。水泻而臭味不大时，可用收敛止泻剂，如鞣酸蛋白、次硝酸铋等内服。

② 抑菌消炎　常用磺胺脒或痢特灵，均以每千克体重 0.1 ~ 0.2g 一次内服。或抗生素（氯霉素、庆大霉素、卡那霉素、链霉素）与收敛止泻剂配合使用。

为了防止胃肠感染，特别是对中毒性消化不良的羔羊，可选用抗生素药物进行治疗。以每千克体重计算，链霉素 $20 \times 10^4$IU、氯霉素 $25 \times 10^4$ ~ $50 \times 10^4$IU、新霉素 $25 \times 10^4$IU、卡那霉素 50mg、痢特灵 50mg，任选其中 1 种灌服；或用磺胺脒首次量 0.3g、维持量 0.2g 灌服，每日 2 次，连用 3d。脱水严重者可用 5% 葡萄糖生理盐水 500mL、5% 碳酸氢钠 50mL、10% 樟脑磺酸钠 3mL，混合静脉注射。

③ 补液消毒　对水泻不止的重症患羊，应及时补液，常用 5% 葡萄糖生理盐水、复方氯化钠液 500 ～ 1000mL 静脉注射。为纠正酸中毒，可静脉注射 5% 碳酸氢钠液，每次 30 ～ 50mL。

④ 中药治疗　可用泻速宁 II 号冲剂 5g 灌服，每日早、晚各 1 次；参苓白术散 10g，一次灌服。

# 五、瘤胃积食

瘤胃积食（宿草不转）是由于瘤胃内充满大量饲料，超过了正常容积，致使瘤胃体积增大、胃壁扩张、食糜停留在瘤胃内引起严重的消化不良、功能紊乱。该病的临床特征是反刍停止、嗳气停止，瘤胃坚实，腹痛，瘤胃蠕动极弱或消失。

## 1. 病因

该病主要是由于食入了过多质量不良、比较粗硬、容易膨胀的饲料，如块根类、豆饼、腐败饲料等；或采食干料多、饮水又少；或者饥饿后暴食；或者突然更换饲料品种；或者塑料袋等异物阻塞等原因造成的。

另外，过食谷物会引起消化不良，使得碳水化合物在瘤胃中产生大量乳酸，导致机体中毒。

## 2. 诊断要点

【临床症状】　发病较快，一般体温正常，采食及反刍停止。病初不断嗳气，随后嗳气停止，腹痛摇尾或后蹄踏地，拱背，咩叫，站立不安，起卧不断、摇尾巴，磨牙，呻吟；粪少而干，出现排粪动作，尿少或无尿。后期精神委顿。左侧腹部膨大（见图 7-49），肷窝略平或稍突出，触摸稍感硬实呈面团状或坚实充盈，按压有压痕，且复原慢。瘤胃蠕动初期增强，以后减弱或停止，呼吸急迫，脉搏增数，黏膜呈深紫红色，有酸中毒症状。剖检可见瘤胃内有大量的内容物。

### 3. 防治措施

治疗原则是消导下泻，止酵防腐，尽快清除胃内容物、纠正酸中毒，健胃补液。措施如下：

① 消导下泻　可用石蜡油100mL、人工盐50g或硫酸镁50g、芳香氨醑10mL，加水500mL，1次灌服。

② 纠正酸中毒　可将5%碳酸氢钠100mL灌入输液瓶，

图7-49　羊瘤胃积食导致病羊左侧
腹部膨大

另加5%葡萄糖液200mL，1次静脉注射。为了防止酸中毒继续恶化，可用2%石灰水洗胃。

③ 强心　心脏衰弱时，可用10%樟脑磺酸钠4mL，静脉或肌内注射；呼吸系统和血液循环系统衰竭时，可用尼可刹米注射液2mL，肌内注射。对于病情很严重的羊，应该迅速进行瘤胃切开抢救。

④ 加强护理　禁食1~2d，多喂清洁饮水，经常按摩瘤胃壁；之后改喂柔软、易消化的饲料，适当牵遛运动。

⑤ 穿刺治疗或手术治疗　根据瘤胃内容物的性质，如果气体较多，可进行穿刺治疗或手术治疗（见图7-50~图7-52）。

图7-50　羊瘤胃积食的穿刺治疗

确定瘤胃积食的穿刺部位并消毒，在左侧坎窝部位用放气针或粗针头进行缓慢放气

## 六、羔羊口炎

羔羊口炎是口腔黏膜表层或深层组织的炎症。本病有原发性口炎和继发性口炎之分。是一种接触性

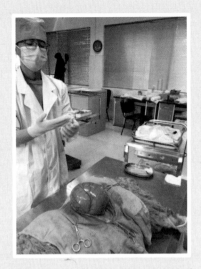

图 7-51　羊瘤胃积食的手术治疗
切开皮肤、肌肉、腹壁后，使瘤胃充分暴露

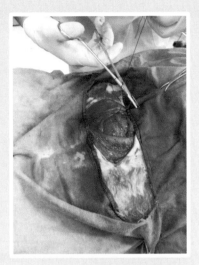

图 7-52　羊瘤胃积食的手术
治疗后腹壁及皮肤的缝合

疾病，春季多发，病羔羊口角、口唇等处黏膜皮肤有水疱、溃疡或结成疣状厚痂。

### 1. 病因

原发性口炎多由外伤引起。如采食尖锐植物的枝杈、秸秆，误食氨水，舔食强酸、强碱等。

继发性口炎多发于羊口疮、口蹄疫、羊痘、霉菌性口炎、过敏反应和羔羊营养不良。或者是由于母羊乳房不清洁，羔羊在吃奶时感染了坏死杆菌等引起的。

### 2. 诊断要点

【临床症状】

① 原发性口炎病羊常采食减少或停止，初期精神沉郁，口腔黏膜潮红、肿胀、疼痛，甚至有糜烂、出血和溃疡，吃奶时出现不适，吃一下停一会儿，且吃奶缓慢；口臭。全身变化不大。

② 继发性口炎还多有体温升高等全身反应。

### 3. 防治措施

加强管理，防止因口腔受伤而发生原发性口炎。轻度口炎，可以用 0.1% 雷佛奴尔液或 0.1% 高锰酸钾液冲洗，也可用 20% 盐水冲洗；发生糜烂和渗出时，用 2% 明矾液冲洗；有溃疡时用 1 : 9 碘甘油或蜂蜜涂擦。全身反应明显的，用青霉素和链霉素，肌内注射，连用 3 ~ 5d；也可服用磺胺类药物。

中药疗法，可口衔冰硼散、青黛散，每日 1 次。为了杜绝口炎的发生，宜用 2% 碱水洗刷、消毒饲槽，饲喂青嫩饲料或柔软的青干草。

病情严重的羔羊，还可以先把病灶用盐水洗净，然后把大蒜汁涂抹于患处，每天 2 次。不能吃奶的羔羊，可进行人工哺乳。

## 七、初生羔羊假死

初生羔羊假死又称初生羔羊窒息，羔羊产出时呼吸极弱或停止，但仍有心跳的，称为假死或窒息。

### 1. 病因

有的羔羊出生后呼吸微弱或暂停，但心脏仍在跳动，羔羊呈现假死状态，原因是母羊在妊娠期间营养不良，使胎儿发育受阻。其直接原因是母体与胎儿之间气体交换发生障碍，如分娩时胎儿脱离母体胎盘后，胎儿从产道产出的时间过长，使其不能得到足够的氧气；母体内 $CO_2$ 聚集；胎儿呼吸过早，吸入羊水等，都容易引起初生羔羊假死。

### 2. 诊断要点

【临床症状】 本病通过临床症状就可确诊。病羔羊舌头垂出于口外，可视黏膜呈蓝紫色，鼻腔有黏液或羊水，不时张口呼吸喘气。严重者全身松软，黏膜苍白，心脏稍有颤动，但特别微弱，甚至都摸不到脉搏，反射消失，恰似死羊一样。

### 3. 防治措施

【预防】 加强母羊妊娠期饲养管理，保证健康和营养，增强运动，冬季除了暴风雪天气外坚持放牧，增强体质，促进血液循环。尽量减少母羊难产，缩短分娩时间。

【治疗】 先用手擦去羔羊口腔、鼻腔内的黏液，提起羔羊的两个后肢，使其头朝下，用手轻拍两胸，轻摇身体，促进呼吸。将羔羊放在 41 ~ 42℃ 的温水盆中，头朝上防止呛水，两手反复拍打使羔羊肢体屈伸，进行人工呼吸。急救时也有人用嘴巴将羊口腔内的黏液吸出来并突然向羔羊嘴内吹气，有些羊场用这种方法救活许多羔羊。

## 八、脐带炎

初生羔羊断脐后，由于遗留的断端消毒不严、细菌感染而易引起脐带炎。为了提高羔羊的成活率，应及时治疗羔羊脐带炎。

### 1. 病因

脐带断开时，由于消毒不严，在潮湿不洁净条件下感染发炎。

### 2. 诊断要点

【临床症状】 发病初期脐带断端肿胀、湿润，后化脓，有恶臭。触摸脐带根部周围有病热感，脐孔周围有脓肿（见图 7-53）。轻症者精神沉郁，食欲减退，体温逐渐上升到 41 ~ 42℃；重症者呼吸急迫，脉搏加速，直到引发败血症导致死亡。

### 3. 防治措施

【预防】 保持产房清洁卫生，在指定地点接产保羔。最好实施人工断脐，断脐同时用 3% ~ 5% 碘酒涂抹脐带断端和脐带根部周围，严格消毒，防止感染。

【治疗】 实施对症治疗，把脐带根部周围的毛剪掉，涂抹 3% ~ 5%

图 7-53 脐带发生炎症的羔羊（箭头所指为发炎部位）

的碘酒消毒。对出现全身症状、发病较重的羔羊，除了局部治疗外，要肌内注射青霉素 $20 \times 10^4$IU，并灌服磺胺类药物治疗。

## 九、羔羊佝偻病

佝偻病是羔羊在生长发育期，因维生素 D 不足，钙、磷代谢障碍所引起的骨骼变形的疾病。多发于冬末春初时期。

### 1. 病因

佝偻病主要是因为饲料中维生素 D 含量不足以及日光照射不够，造成哺乳期的羔羊体内维生素 D 缺乏；怀孕母羊或哺乳期母羊饲料中钙、磷比例不当。圈舍潮湿、污浊、阴暗，羊消化不良、营养不好，也可成为本病的诱因。此外，放牧母羊秋膘差，冬季未补饲，春季产羔，羔羊更容易发生此病。

## 2. 诊断要点

【临床症状】 病羊轻者表现为生长延迟，精神沉郁，食欲减退，异嗜，喜卧地不愿动，起立困难，四肢负重困难，行走缓慢，出现跛行。触摸关节有疼痛反应，病程稍长的关节变形，长骨弯曲，四肢开展似青蛙。病羊以腕关节着地爬行，后躯不能抬起（见图 7-54）。

图 7-54　羔羊佝偻病导致羔羊先天性发育不足

羔羊表现为腿软、瘫痪，四肢骨骼变形，呈 "O" 或 "X" 形腿，脊柱弯曲

## 3. 防治措施

【预防】 改善和加强母羊的饲养管理，加强运动和放牧，多给青饲料，补喂骨粉，增加羔羊的日照时间。给羊只准备好优质的盐砖（舔砖），以补充相应的必需成分（见图 7-55）。

【治疗】

① 可用维生素 D 注射液 3mL，肌内注射；精制鱼肝油 3mL 灌服或肌内注射，每周 2 次。为了补充钙制剂，可用 10% 葡萄糖酸钙液 5 ~ 10mL，静脉注射；也可用维丁胶性钙 2mL 肌内注射，每周 1 次，连用 3 次。

② 三仙蛋壳粉：将神曲60g、焦山楂60g、麦芽60g、蛋壳粉120g、麦饭石粉60g混合后每只羊喂12g，连用1周。

# 十、羔羊食毛症

羔羊食毛症是由于舍饲的羔羊食毛量过多，造成的后果是除影响羔羊消化外，严重时还会因食入毛球阻塞肠道形成肠梗阻而死亡。羔羊食毛症主要发生于冬、春季节舍饲的羔羊。

图7-55 预防羔羊佝偻病的盐砖（舔砖）

盐砖可减少羔羊佝偻病及骨质疏松、体质瘦弱、异食癖和皮毛粗糙的发生

## 1. 病因

① 日粮中矿物质和维生素含量不足，钙、磷缺乏或比例失调。

② 含硫元素丰富的蛋白质或氨基酸缺乏。

③ 分娩母羊的乳房周围、乳头、腿部的污毛没有剪掉，新生羔羊在吮乳时误将污毛食入胃内。

④ 舍饲饲养密度过大。羔羊因母乳不足，吃不饱，投喂的饲料单一，缺乏蛋白质、维生素和某些无机盐及微量元素，导致羔羊产生异嗜。

综上所述，主要原因是羔羊在吮食乳汁的时候，吞食了乳房周围带有咸味的污毛，时间长了，污毛等积存于胃内，形成大小不等的毛球。

## 2. 诊断要点

【临床症状】 羔羊患本病表现为异食癖，吞食污毛。引起消化不良、便秘、腹痛等症状。羔羊逐渐瘦弱，并伴有轻度贫血。此病在哺乳期症状不明显，死亡率不高。当进入秋季雨期，症状逐渐加重，羔羊迅速消瘦、缩腹，贫血加重，引起死亡。剖检可见到大量的污毛。

### 3. 防治措施

【预防】 加强母羊饲养管理，保证母乳充足，尽量给羔羊早开饲和充足的草料，使其能直接从饲草、饲料中摄取充足的营养。再就是改进母子关系，实施定期哺乳或早期离乳，尽量减少母、子羊合群时间，减少羔羊吸吮母羊污毛、污物的机会。搞好圈舍卫生，清除污毛、污物，减少羔羊叼啃污毛、污物的机会。直接给羔羊补饲钙磷饲料。圈舍内设置优质的盐砖（舔砖）（见图7-56）。

图7-56 利用盐砖（舔砖）预防羔羊食毛症

【治疗】 严重者实施瘤胃手术，取出异物。

## 十一、腐蹄病

腐蹄病发病的原因有多种，其中主要是坏死杆菌的继发感染。在临床上表现为皮肤、皮下组织和消化道黏膜的坏死，有的在其他脏器上形成转移性坏死灶。本病多发于雨量较多的季节和潮湿的地区。山羊比绵羊发病率高。

## 1. 病因

山羊在夏季多雨季节羊蹄长时间浸泡在潮湿圈舍内的羊粪尿或污泥中，使蹄质软化；或在放牧时蹄子被石子、铁屑、玻璃片等损伤，此时坏死杆菌等侵入就会引起腐蹄病。也可因为羊的蹄冠和角质层裂缝而感染病菌。

## 2. 诊断要点

根据流行特点和临床症状，基本上可以确诊。

【流行特点】 坏死杆菌在自然界分布广泛，动物粪便、死水坑、沼泽和土壤中均有分布。可通过损伤的皮肤和黏膜而感染。本病多见于低洼潮湿地区和多雨季节，呈散发或地方流行。

【临床症状】 山羊很容易得腐蹄病。病初跛行，喜欢卧地，行走困难。多为一肢患病。开始时蹄间隙、蹄踵和蹄冠红肿、热痛，而后溃烂，挤压时有发臭的脓样液体流出。用刀将伤口扩创后，蹄底的小孔或大洞中有乌黑色的臭水流出，蹄间常有溃疡面，其上覆盖有恶臭的坏死物。严重时，蹄壳腐烂变形，卧地不起。随着病变的发展，可波及腱、韧带和关节，有时蹄匣脱落（见图7-57）。

图 7-57　羊腐蹄病蹄部病变

病蹄敏感，有恶臭的分泌物和坏死组织，蹄底部有小孔或大洞。用刀切削扩创后，蹄底的小孔或大洞中有乌黑色臭水流出。蹄间常有溃疡面，上面覆盖着恶臭物，蹄壳腐烂变形，病变部位溃烂，挤压时有恶臭的脓液流出

## 3. 防治措施

【预防】 要保持羊圈的干燥，注意保护羊蹄，不要在低洼潮湿的地方长时间放牧；在圈舍入口处放置用10% 硫酸铜溶液浸湿的麻袋，用于羊蹄的消毒；羊舍要勤垫干土，保持

清洁。避免外伤发生，如发生外伤，应及时涂擦碘酒。

【治疗】

① 对于羊腐蹄病，首先要清除坏死的组织。用食醋、3% 来苏儿或1% 高锰酸钾冲洗；或用6% 福尔马林、5% ~ 10% 硫酸钠脚浴，然后用抗生素软膏涂抹。也可用10% 硫酸铜溶液浸泡，每次10 ~ 30min，每天早晚各1次。为了防止硬物刺激，可将患部用绷带包扎。当形成转移性坏死灶时，应进行全身治疗，注射磺胺嘧啶或土霉素，连用5d，可促进康复，提高治愈率。

② 中药疗法。取花椒、艾叶、干蒜秧、食盐，加适量水煎，用此药水清洗患部。还可用草木灰或碱水冲洗。洗净后将石灰粉末或干木炭粉末、骨灰粉末涂于伤处，效果也很好。

③ 如果患部已经长蛆虫，可先涂一点香油，等蛆虫钻出来后再涂柏油（沥青），还可将杏树叶、桃树叶捣烂，挤出汁水滴进伤口，等蛆虫死后涂药。

## 十二、外伤

羊很容易发生各种类型的外伤。一旦发生后，要及时处理。处理的内容包括：止血、清创、消毒、缝合、包扎，防止感染化脓。

【治疗】

（1）止血　用压迫法或注射止血药来制止出血，以免失血过多。

（2）清创及消毒缝合　在创伤周围剪毛、清洗、消毒，清理创腔内的异物、血块及挫灭的组织，然后用呋喃西林、高锰酸钾等反复冲洗创腔，直到冲洗干净为止，并用灭菌纱布蘸干残留的药液。最后进行缝合处理（见图7-58）。

（3）消毒　不能缝合且比较严重的外伤，应先撒布适量的青霉素、

图 7-58　羊外伤后的手术缝合

链霉素、四环素等抗生素药物，防止感染。

# 十三、乳房炎

乳房炎是乳腺、乳池、乳头局部的炎症，多见于泌乳期的羊。其临床特征为：乳腺炎症，乳房发热、红肿、疼痛，影响泌乳机能和产乳量。常见的有浆液性乳房炎、卡他性乳房炎、脓性乳房炎和出血性乳房炎。多发生于奶山羊，多发于夏季。

## 1. 病因

该病致病原因很多：羔羊吮乳时，损伤了乳头、乳腺体；或挤乳技术不熟练、挤乳工具不卫生，损伤了乳头或乳腺体；或羔羊死亡，使母羊突然停止哺乳；或乳房受到细菌感染。常见的致病细菌为链球菌、巴氏杆菌、大肠杆菌等。

## 2. 诊断要点

【临床症状】 轻的不表现症状，病羊全身无反应，仅仅是乳汁有变化。一般多为急性乳房炎，乳房局部发肿、热痛，有硬结，泌乳减少，乳汁变性，其中混有血液、脓汁等，乳汁中有絮状物，呈褐色或淡红色（见图 7-59）。炎症继续发展，病羊体温升高，可达41℃。挤乳或羔羊吮乳时，母羊抗拒躲避。若炎症转为慢性，则病程延长。由于乳房有硬结，常常使其丧失泌乳机能。脓性乳房炎可以形成脓腔，使得腔体与乳腺管相通，若穿透皮肤可形成瘘管。本病多发于产羔后 4 ~ 6 周。

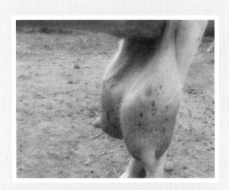

图 7-59 羊乳房炎导致病羊乳房发生红肿、热痛，有硬结，泌乳减少，乳汁变性

### 3. 防治措施

【预防】 对于高产奶羊,应增加挤奶次数,每次力求挤净乳房中的奶。对于乳汁旺盛的带羔母羊,可以挤出多余的奶水,也可减少精饲料的饲喂量,迫使乳汁减少。注意挤奶卫生,清除圈内污物。在产羔季节,应经常检查母羊的乳房。

【治疗】

① 病初期可将青霉素 40×10$^4$IU、0.5% 普鲁卡因 5mL,溶解后用乳房导管注入乳孔内,然后轻揉乳房腺体,使得药液分布于乳房腺体中,或应用青霉素、普鲁卡因溶液进行乳房基部封闭,也可用磺胺类药物。

② 为了促进炎性渗出物吸收和消散,在炎症初期冷敷,2 ~ 3d 后可进行热敷,将10% 硫酸镁水溶液1000mL 加热至45℃,每日外洗热敷1 ~ 2 次,连用 4 次。

③ 对于脓性乳房炎及开口于乳池深部的脓肿,应向乳房脓腔内注入 0.02% 呋喃西林溶液或 0.1% ~ 0.25% 雷佛奴尔液。用 3% 双氧水或 0.1% 高锰酸钾溶液冲洗、消毒脓腔,引流排脓。必要时可应用四环素类药物静脉注射消炎。

## 十四、子宫内膜炎

### 1. 病因

子宫内膜炎是由于分娩、助产、子宫脱、阴道脱、胎衣不下、腹膜炎、胎儿死于腹中等导致细菌性感染而引起的子宫黏膜炎症。

### 2. 诊断要点

该病可分为急性和慢性两种。按其病程中的发炎性质可分为卡他性、出血性和化脓性子宫内膜炎。

【临床症状】

(1)急性子宫内膜炎 初期,病羊食欲减退或废绝,反刍减弱或停止,精神不好,体温升高。因为有疼痛反应而磨牙、呻吟。可表现为前胃弛缓、拱背、努责,时时做排尿姿势。阴户内流出黏液或黏液脓性分泌物,严重时分泌物呈黑红色或棕色，且有臭味，尤其以卧下时排出较多。

（2）慢性子宫内膜炎　病情轻微，病程长，子宫内分泌物少。如不及时治疗可发展为子宫积脓、积液、坏死，子宫与周围组织粘连，输卵管炎等（见图7-60）。继而全身状况恶化，发生败血症或脓毒败血症。有时可继发腹膜炎、肺炎、膀胱炎、乳房炎等。

图 7-60　子宫内膜炎导致病羊排出黏液脓性污染物

污染物为黑红色并且非常臭，如果没有及时治疗，会产生积脓

### 3. 防治措施

【预防】　母羊分娩时要严格消毒，对原发病要及时治疗。

【治疗】　净化清洗子宫，用0.1%高锰酸钾溶液或0.1%普鲁卡因溶液300mL，灌入子宫腔内，然后用虹吸法排出灌入子宫腔内的消毒溶液，每日1次，可连做3～4次。消炎可在清洗后给羊子宫内注入碘甘油（3mL）或土霉素（0.5g）胶囊；用青霉素80×10⁴IU、链霉素50×10⁴IU，肌内注射，每日早晚各1次。治疗自体中毒，应用10%葡萄糖溶液100mL、林格氏液100mL、5%碳酸氢钠溶液30～50mL，1次静脉注射（见图7-61）。

图 7-61　子宫内膜炎的治疗

用来苏儿约0.3L注射到子宫，1d后注射雷佛奴尔1L，之后再注射垂体后叶素进行治疗。还可用青霉素兑盐水进行注射，一般3d左右即可痊愈。最后，用高锰酸钾溶液0.3L注入子宫，以排出子宫内污染物

## 十五、毒草中毒

### 1. 病因

羊也和其他家畜一样，幼龄（尤其是刚刚随着羊群放牧）羊，往往因不能辨别有毒物质而误食，从而引起中毒。常见的毒草有：春季的白头翁、毒芹、杜鹃花叶（图7-62）等；夏季的野桃树叶、山杏叶、夹竹桃叶（图7-63）；秋季的高粱及玉米的二茬苗、蓖麻叶（大麻籽叶）等。

图7-62 杜鹃花叶

图7-63 夹竹桃叶

### 2. 诊断要点

【临床症状】 羊吃了毒草后不久会中毒，出现口吐白沫、呕吐、胀气、下痢、体温升高、爱待在阴暗处、呼吸脉搏加快等症状。严重时可引起死亡。也可有兴奋不安，呼吸迫促，至呼吸困难。瘤胃臌气，腹痛下痢。继之，全身肌肉痉挛，站立困难而倒地，头颈后仰，四肢伸直，牙关紧闭。心搏动强盛，脉搏加快，体温升高，瞳孔散大。病至后期，躺卧不动，反射消失，四肢末端冷厥，体温下降，脉搏细弱。

【病理剖检】 胃、肠黏膜重度充血、出血、肿胀。脑及脑膜充血，心内膜、心肌、肾和膀胱黏膜及皮下结缔组织均有出血现象，血液稀薄。

### 3. 防治措施

【预防】 春季青草返青时，不要到毒草生长较多的牧地放牧，以免因误食而中毒。早春、晚秋放牧时，应于出牧前喂少量饲料，以免动物由于饥不择食而误食毒草。

禁止饲喂霉变的饲草。饲料、饲草应晒干保存，贮存的地方应干燥、通风。喂前要仔细检查，如果发现霉变应废弃掉。

【治疗】 一旦发现羊中毒，先要查明原因，及时进行救治。发现羊吃了毒草中毒后，立即用0.5%～1%鞣酸或5%～10%木炭末洗胃，连续2～3次后，再内服碘溶液（碘1g、碘化钾2g、水1.5L）100～200mL，过2～3h后再服1次，也可灌服5%～10%稀盐酸，成羊250mL，3～8月龄羔羊100～200mL。对中毒较严重的可切开瘤胃，取出含毒内容物，之后再应用吸附剂、黏浆剂或缓泻剂。病羊兴奋不安与痉挛时，可应用解痉、镇静剂，如溴制剂、水合氯醛、硫酸镁、氯丙嗪等。为维护心脏机能，可应用强心剂。

## 十六、有机磷农药中毒

有机磷农药应用广泛，同时对人、畜危害很大。目前，常用的有机磷农药有对硫磷（1605）、敌敌畏、乐果、敌百虫等。各种动物都可中毒，以侵害神经系统为主，以出现中枢神经症状和神经过度兴奋为特征。

### 1. 病因

有误食、误饮或皮肤沾染有机磷农药等情况。多在有机磷农药进入机体后0.5～8h发病，呈急性经过。

### 2. 诊断要点

【临床症状】 动物中毒后，很快出现兴奋不安，对周围事物敏感，流涎，全身出汗，磨牙，呕吐，口吐白沫，肠音亢进，腹痛腹泻，肌肉震

图 7-64　因有机磷农药中毒而死亡
的羊只

颤等症状。严重病例还出现全身战栗，狂躁不安，呼吸困难，胸部听诊有湿啰音；瞳孔极度缩小，视力模糊；抽搐痉挛，粪尿失禁，常在肺水肿及心脏停搏的情况下死亡等现象（见图 7-64）。

### 3. 防治措施

【预防】　健全农药保管制度，喷洒农药的作物一般 7d 内不作饲料，禁止到新喷药的地区放牧。使用农药驱除家畜体内外寄生虫时，应由兽医负责实施，严格控制用药浓度、剂量，以防中毒。

【治疗】　治疗原则是立即使用特效解毒剂，尽快除去尚未吸收的毒物，并配合对症治疗。

（1）除去尚未吸收的毒物　经皮肤中毒的用 5% 的石灰水或肥皂液洗刷皮肤；经消化道中毒的，应用 2% 的食盐水反复洗胃，并灌服活性炭。

（2）乙酰胆碱对抗剂　常用硫酸阿托品，可超量使用，使机体达到阿托品化。一次用量为每千克体重 0.5～1mg。

（3）特效解毒剂　常用解磷定，每次用量为每千克体重 15～30mg，用生理盐水稀释成 10% 的溶液，缓慢静脉注射，每 2～3h 注射 1 次，直到症状缓解后，酌情减量或停药。除此之外，在整个病程中，还要注意配合相应的对症疗法进行治疗。

## 十七、尿素中毒

羊瘤胃内微生物能利用尿素分解所产生的氨转化为氨基酸而合成蛋白质。因而尿素可作为羊的蛋白质补充料，如果饲喂不当、量过大或浓度过高，与其他饲料混合不均匀，食后立即饮水等则可引起中毒。尿素本身无毒，但其分解的氨气和二氧化碳会很快进入血液并迅速积累，如果超过一定限度就会引起氨中毒。羊全天补充量以 10～15g 为宜，并且要由少至多逐渐增加。

## 1. 病因

羊食入过量的尿素或将尿素溶于水中饮饲，在瘤胃内脲酶的作用下，尿素分解产生氨过多，即可由瘤胃壁迅速吸收，如超过肝脏的解毒能力，则可导致血氨增高，而出现中毒症状。实验室检查：测定血氨浓度，如果达 8.4 ~ 13mg/L 开始出现症状；20mg/L 时表现运动失调；50mg/L 时即可死亡。

## 2. 诊断要点

【临床症状】 羊食后 15 ~ 30min 即出现中毒症状，初期精神沉郁，不安，反刍停止，大量流涎，呻吟磨牙，口唇痉挛，呼吸困难，脉搏增数，心音亢进；后期共济失调，全身痉挛与抽搐，卧地，全身出汗，瘤胃臌气，肛门松弛，瞳孔散大，最后窒息死亡。一般病程为 1.5 ~ 3h，病程延长者，后肢麻痹卧地不起。

【病理剖检】 口鼻常有泡沫，瘤胃内有氨臭味。消化道黏膜充血、出血，肺水肿，心内膜、心外膜有出血，毛细血管扩张，血液黏稠。

## 3. 防治措施

饲喂尿素时，一定要注意用量和用法，成年羊每只每天可以补充 10 ~ 15g 尿素，用量过多易引起中毒。应逐渐加量，降低尿素分解和吸收速率。第一次饲喂尿素，应按日喂尿素量的 1/10 喂给，以后逐渐增加，让瘤胃微生物适应 10d 后，才可以饲喂全量。同时应增加富含碳水化合物的饲料（淀粉），使瘤胃 pH 维持酸性。每天的用量不能 1 次喂完，要分 2 ~ 3 次喂给。先将定量的尿素溶入水中，然后喷洒在干料上或拌入精饲料中喂给。饲喂含尿素的干料后不要立即让羊饮水，应在喂过 30min 后饮水。千万不要将尿素溶入水中让羊饮用，那样会导致羊尿素中毒。中毒后，早期可应用弱酸（如 10% 醋酸溶液）300mL、糖 200 ~ 400g 加水 300mL，灌服。

此外，可应用 10% 硫酸钠静脉注射，对症治疗可静注葡萄糖酸钙、高渗葡萄糖；内服水合氯醛、鱼石脂等制酵剂。

# 十八、氢氰酸中毒

氢氰酸中毒是家畜采食了富含氰苷的青饲料或氰化物后，在胃内由于酶和胃酸的作用，水解为有剧毒的氢氰酸而发生中毒。中毒的主要特征为呼吸困难、震颤、惊厥，最后发生组织内缺氧症。

### 1. 病因

主要是采食或误食了含氰苷的饲料所致，许多植物饲料中含有氰苷，如高粱苗、玉米幼苗（特别是再生苗，即二茬苗含量更高）（见图7-65、图7-66），蔷薇科植物的桃、李、杏、樱桃等叶和种子也含有氰苷。氰苷本身是无毒的，但当含有这种物质的植物被动物咀嚼后，在胃内经酯解酶和胃酸的作用，产生游离的剧毒氢氰酸进入体内，能抑制机体细胞许多种酶活性，破坏组织内的氧化代谢过程而引起中毒。工业用氰化物（如氰化钠、氰化钾）被羊采食也可引起中毒。强壮动物采食多、发病重、死得快。

图 7-65 高粱二茬苗

图 7-66 玉米幼苗

### 2. 诊断要点

【临床症状】 氢氰酸中毒发病很快，一般采食后 15 ~ 20min 即出现明显症状。

轻度中毒时，出现兴奋，流涎，腹泻，肌肉痉挛，可视黏膜鲜红，呼出的气体有苦杏仁味等症状。

严重中毒时，知觉很快消失，步态不稳，很快倒地，眼球固定而突出，呼吸困难。肌肉痉挛，牙关紧闭，瞳孔散大，头向一侧弯曲，最后昏迷，往往发出几声尖叫声而死。

【病理剖检】 血液呈鲜红色、不凝固，胃内充满气体而有苦杏仁味。胃肠黏膜充血或出血，肺充血及水肿，尸体不易腐败。

### 3. 防治措施

为预防本病的发生，凡含氰苷的饲料，最好先放于流水中浸泡 24h 或漂洗后再加工利用。不要在含有氰苷植物的地区放牧家畜。对病畜应立即静注 5% 亚硝酸钠 2 ~ 4mL（0.1 ~ 0.2g）解毒，随后再注射 5% ~ 10% 的硫代硫酸钠 20 ~ 60mL。或用亚硝酸钠 1g、硫代硫酸钠 2.5g 和 50mL 蒸馏水静脉注射。也可先用 5% 硫代硫酸钠溶液或 0.1% 高锰酸钾溶液洗胃，然后再按上述急救方法治疗。如无亚硝酸钠，用较大剂量的美蓝静脉注射也有一定效果，剂量为每千克体重 1mg。

## 十九、霉变饲料中毒

羊只采食了受潮而发霉的饲料，因为霉菌产生毒素，引起羊只中毒。有毒的霉菌主要有黄曲霉菌、棕曲霉菌、黄绿霉菌、红色青霉菌等。

### 1. 诊断要点

【临床症状】 精神不振，停止采食，后肢无力，步态不稳，但体温正常。从肛门流出血液，黏膜苍白。出现中枢神经症状，如头部顶着墙壁呆立不动等。

### 2. 防治措施

【预防】 严禁喂给腐败变质的饲料，对饲料加强管理，防止霉变（见图7-67、图7-68）。

图7-67　正在晾晒的发霉变质的玉米

图7-68　发霉变质的饲料，嗅闻时有一股霉变气味

【治疗】 发现羊只中毒，应立即停止饲喂发霉的饲料。内服泻剂，可用石蜡油或植物油200～300mL，一次灌服；或用硫酸镁或硫酸钠50～100g溶解在500mL水中，一次灌服，以便排出毒物。然后用黏浆剂和吸附剂，如淀粉100～200g、木炭粉50～100g，或者用1%鞣酸内服以保护胃肠黏膜。静脉注射5%葡萄糖生理盐水250～500mL或乌洛托品注射液5～10mL，每天1～2次，连用数日。心脏衰弱的，可肌内注射10%安钠咖5mL，每千克体重1～3mg。

# 附录一　育肥羊的预防性药物

| 药物种类 | 作用 | 常用药物 | 方法和用途 |
| --- | --- | --- | --- |
| 抗生素类 | 杀菌、抑菌 | 头孢类、磺胺类 | 参照说明书，多用于肺炎、腹泻 |
| 饲料添加剂 | 促生长、提高抗病力 | 含有微量元素、抗氧化剂、中草药等 | 参照说明书，多用于生长阶段 |
| 微生态制剂 | 调理消化吸收功能、调整菌群 | 益生菌类 | 参照说明书，多用于腹泻、消化不良 |
| 口服或注射用的驱虫药 | 线虫、吸虫的驱虫 | 左旋咪唑、阿苯达唑、丙硫苯咪唑等 | 参照说明书，口服或注射 |
| 外用驱虫药 | 驱除体外寄生虫 | 溴氰菊酯、伊维菌素等 | 参照说明书，药浴 |

# 附录二 育肥羊部分禁用兽药及化合物

| 主要类别 | 主要药品 |
|---|---|
| 兴奋剂类 | 克伦特罗,沙丁胺醇,西马特罗及其盐、酯及制剂 |
| 性激素类 | 己烯雌酚及其盐、酯及制剂,甲基睾丸酮,丙酸睾酮,苯甲酸诺龙,苯甲酸雌二醇及其制剂 |
| 氯霉素类 | 氯霉素及其盐、酯 |
| 硝基呋喃类 | 呋喃唑酮、呋喃它酮、呋喃苯烯酸钠及其制剂 |
| 催眠、镇静类 | 安眠酮及其制剂,氯丙嗪,地西泮(安定)及其盐、酯及制剂 |
| 杀虫类 | 林丹(丙体六六六)、毒杀芬(氯化烯)、呋喃丹(克虫威)、杀虫脒(克死螨) |
| 汞制剂 | 各种汞制剂 |
| 硝基咪唑类 | 甲硝唑,地美硝唑及其盐、酯及制剂 |

注:参照原农业部 193 号公告《食品动物禁用的兽药及其化合物清单》。

# 附录三 公羊的去势术（见视频1～4）

公羊的睾丸呈椭圆形，位于两后肢之间，显著下垂。阴囊的上部缩小为颈部，颈部细而长。睾丸的纵轴垂直位于阴囊内。附睾位于睾丸的后面。睾丸纵膈明显，呈带状。

[去势的目的及时机] 公羊去势后，性情会变得温顺，生长速度加快，便于饲养管理，还能节省饲料；肉质细嫩，味美适口，无膻味。公羊多在2～3月龄去势。季节以春末、秋初为宜。

[保定] 公羊的去势一般在手术台上做侧卧保定，并充分显露阴囊部。

[术式]

① 睾丸外部的剪毛。

② 选择术式及切口部位。

③ 睾丸外部切口处的碘酊消毒处理。

④ 手术刀切开皮肤并挤出睾丸，对第一个睾丸的结扎和切除。

⑤ 切开睾丸外部的皮肤并挤出第二个睾丸，对第二个睾丸的结扎和切除。

⑥ 术后避免感染，撒布青霉素粉。

[术后护理]

① 可注射破伤风抗血清防止感染破伤风。

② 术后3～4h，将羊拴系在安静的场地，注意观察术后出血情况。

③ 术后防止羊只趴卧，以防术部感染。术后第二天起，每日早晚测量羊的体温，并做牵遛运动30～40min。10d后可转入正常饲养。

视频1 　　　　视频2 　　　　视频3 　　　　视频4

# 附录四 羊的瘤胃切开术（见视频5～26）

[适应证]

① 严重的瘤胃积食，经保守疗法无效。

② 误食了有毒饲料、饲草，且尚在瘤胃中滞留，手术取出毒物并进行胃冲洗。

③ 创伤性网胃炎或创伤性心包炎，进行瘤胃切开并取出异物。

④ 瓣胃阻塞、皱胃积食，可通过瘤胃切开及胃冲洗术进行治疗。

[保定] 一般取侧卧手术台保定方法。

[麻醉] 常用椎旁或腰旁神经阻滞传导麻醉。麻醉药多采用利多卡因。

[手术通路] 多采用左肷部中切口。在左侧髋结节与最后肋骨连线的中线，距离腰椎横突下方6～8cm处，垂直向下做10～15cm左右的腹壁切口（视需要而定）。

[术式]

① 术部剪毛、剃毛。

② 术部消毒。先用碘伏消毒，之后用酒精脱碘。

③ 手臂的消毒，包括洗手及泡手桶浸泡。

④ 固定创巾。

⑤ 皮肤的切开，撕开腹外斜肌、腹内斜肌（钝性分离），切开腹膜，暴露瘤胃。瘤胃外壁与肌肉的连续缝合固定。

⑥ 瘤胃的敷料隔离。

⑦ 瘤胃的切开及内容物的取出。

⑧ 瘤胃切开的连续螺旋缝合及连续缝合后切口的清理。

⑨ 瘤胃的内翻缝合及敷料的撤除，固定瘤胃线的拆除。

⑩ 腹内斜肌的结节缝合。

⑪ 腹外斜肌的结节缝合。

⑫ 皮下撒布青霉素及皮肤的结节缝合。

⑬ 缝合后切口的清理及涂抹碘酊。

⑭ 术部绷带的固定。

[术后护理] 当天禁食,第2～5天给予易消化的青草;术后的前三天,每天进行两次抗生素注射和对创口进行消毒。

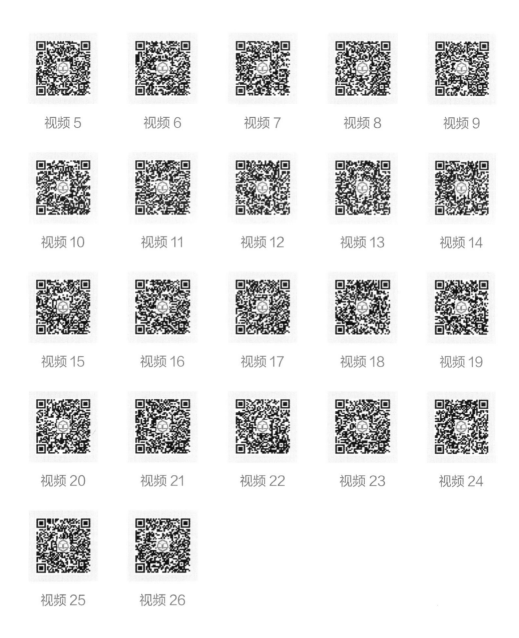

视频 5　　视频 6　　视频 7　　视频 8　　视频 9

视频 10　　视频 11　　视频 12　　视频 13　　视频 14

视频 15　　视频 16　　视频 17　　视频 18　　视频 19

视频 20　　视频 21　　视频 22　　视频 23　　视频 24

视频 25　　视频 26

## 参考文献

[1] 卢中华 . 实用养羊与羊病防治技术 [M]. 北京：中国农业科学技术出版社，2004.

[2] 朱海泉 . 羊养殖技术 [M]. 河北：河北科学技术出版社，2011.

[3] 熊家军，肖锋 . 高效养羊 [M]. 北京：机械工业出版社，2014.

[4] 郎跃深，李昭阁 . 绒山羊高效养殖与疾病防治 [M]. 北京：机械工业出版社，2014.

[5] 郎跃深，王天学 . 健康高效养羊实用技术大全 [M]. 北京：化学工业出版社，2017.